Geomagic Design Direct
逆向设计技术及应用

成思源　杨雪荣　主编

清华大学出版社

北京

内 容 简 介

Geomagic Design Direct 是 Geomagic 公司推出的一款正逆向结合建模工具,可以从网格对象直接建模和抽取几何形状成 CAD 面和实体,是业界唯一一款结合了实时三维扫描、三维点云和三角网格编辑功能以及全面 CAD 造型设计、装配建模、二维工程图等功能的三维设计软件。该软件体现了逆向工程技术的最新发展趋势,目前已成为 Geomagic 公司首推的软件,在国内外企业和学术界也得到越来越广泛的应用。

本书作为国内第一本 Geomagic Design Direct 的操作教材,针对逆向设计技术的最新发展趋势,围绕 Geomagic Design Direct 软件的捕获阶段、设计阶段、细节设计等相关内容,介绍了 Geomagic Design Direct 软件的主要功能、使用流程及方法。每一阶段均配有相应的实例操作来说明其应用思路和技巧,提供了详细的功能介绍与操作视频,以帮助读者快速、直观地领会如何将 Geomagic Design Direct 软件中的功能运用到实际工作中,达到学以致用的目的。

为了向社会推广逆向工程技术,特别是在逆向建模基础上便捷地进行再设计及创新设计,我们编写了这本教材。本书突出逆向工程应用型人才工程素质培养要求,系统性、实用性强。本书可作为 CAD 技术人员的自学教材、大专院校 CAD 专业课程教材以及 CAD 技术各级培训教材。同时,对相关领域的专业工程技术人员和研究人员也具有重要的参考价值。

图书在版编目(CIP)数据

Geomagic Design Direct 逆向设计技术及应用/成思源,杨雪荣主编.—北京:清华大学出版社,2015(2018.10重印)

ISBN 978-7-302-38549-3

Ⅰ.①G… Ⅱ.①成…②杨… Ⅲ.①软件设计 Ⅳ.①TP311.5

中国版本图书馆 CIP 数据核字(2014)第 273619 号

责任编辑:庄红权
封面设计:傅瑞学
责任校对:赵丽敏
责任印制:李红英

出版发行:清华大学出版社

    网　　　址:http://www.tup.com.cn,http://www.wqbook.com

    地　　　址:北京清华大学学研大厦 A 座　　　　　　　　邮　　编:100084

    社 总 机:010-62770175　　　　　　　　　　　　　　邮　　购:010-62786544

    投稿与读者服务:010-62776969,c-service@tup.tsinghua.edu.cn

    质量反馈:010-62772015,zhiliang@tup.tsinghua.edu.cn

印 装 者:北京建宏印刷有限公司

经　　销:全国新华书店

开　　本:185mm×260mm　　印　张:12　　　　　字　　数:288 千字

           (附光盘1张)

版　　次:2015 年 2 月第 1 版　　　　　　　　　　　印　　次:2018 年 10 月第 3 次印刷

定　　价:39.80 元

产品编号:058044-02

　　逆向工程技术目前已广泛应用于产品的复制、仿制、改进及创新设计,是消化吸收先进技术和缩短产品设计开发周期的重要手段。Geomagic Design Direct 软件具有强大的逆向建模与再设计功能,体现了逆向设计技术的最新研究成果和发展趋势,既适用于 CAD 专家,也适用于非 CAD 用户,在航空航天、汽车、机械、电子等行业已得到广泛的应用。

　　Geomagic Design Direct 构建于业界领先的 SpaceClaim® CAD API,是 Geomagic 推出的一款最新正逆向结合建模工具,兼有逆向建模软件的采集原始扫描数据并进行预处理的功能和正向建模软件的正向参数化编辑、设计功能。Geomagic Design Direct 软件相对于其他逆向建模软件的优势在于融合了逆向建模技术和正向设计方法的长处,在一个完整的软件包中无缝结合了即时扫描数据(点云或网格面)编辑处理、二维截面草图创建、特征识别及提取、正向建模和装配构造等功能,体现了逆向工程技术发展的最新成果。本书作为国内第一本 Geomagic Design Direct 的操作教材,结合工程应用实例,提供了详细的功能介绍与操作视频,可以帮助读者快速掌握 Geomagic Design Direct 软件的操作。

　　本书由 9 章内容构成:

　　第 1 章介绍了逆向工程的概念及主要的技术,阐述了逆向建模技术的常用方法,对基于正逆向混合建模技术及软件 Geomagic Design Direct 的建模思路进行了总结。

　　第 2 章对 Geomagic Design Direct 混合建模基本流程进行了总结,归纳了各阶段模块中的主要功能,并介绍了 Geomagic Design Direct 主要界面和基本操作,最后结合实例操作来演示了基本操作步骤。

　　第 3 章首先概括了 Geomagic Design Direct 软件中捕获阶段的主要功能,包括对该阶段中对点对象和多边形对象的处理命令进行详细的说明。并通过实例,介绍了点对象和多边形对象的编辑操作和点云数据对齐实现过程,对该阶段中的处理流程和技巧进行了演示。

　　第 4~6 章重点对 Geomagic Design Direct 软件中设计阶段的操作进行了介绍,其中基于网格面模型的二维截面草图提取编辑功能和三维规则特征提取编辑功能是 Geomagic Design Direct 的两个核心功能。第 4 章首先概括了 Geomagic Design Direct 软件中设计阶段和常用工具,在第 5 和第 6 章分别对基于网格面模型的二维截面草图提取编辑功能和三维规则特征提取编辑功能进行了详细的说明。通过实例,运用设计阶段的命令完成了模型重构工作,介绍了相关操作技巧和实际经验,对该阶段中的处理流程和技巧进行了演示。

　　第 7 章对 Geomagic Design Direct 软件中细节设计阶段的主要功能,包括为建模后的对象添加注释、创建图纸以及查看设计更改等,并通过实例,对该阶段中的处理流程和技巧进行了演示。

　　第 8 章对 Geomagic Design Direct 软件中部分辅助模块功能进行了介绍,包括显示模块、测量模块和修复模块。通过对应用实例的讲解、处理技巧的说明,介绍了如何编辑目标对象的显示效果,对实体模型进行检查与测量,以及如何对二维截面草图和三维表面数据进行检测与修复。

　　第 9 章以几个典型对象的扫描数据为例,通过综合应用 Geomagic Design Direct 的二维截面草图提取编辑功能和三维规则特征功能,介绍了重构其实体模型的具体操作方法和步骤,并进行了视频演示。

　　为方便读者学习,本书提供配套光盘,包括案例操作的数据文件和视频文件,以帮助读者通过实践快速掌握软件操作。

　　本书由成思源和杨雪荣主编,其中第 1,2,4,5,6,9 章由成思源主要编写,第 3,7,8 章由杨雪荣主要编写,蔡敏、李阳、周小东、蔡闯、王乔等研究生参与了部分章节的编写、实验操作及文字整理工作,全书由成思源统稿。本书还凝聚了广东工业大学先进设计技术重点实验室众多研究生的心血,他们在逆向工程技术的研究与应用方面做了卓有成效的工作。在此谨向他们表示衷心的感谢!

　　在实验室历届研究生的努力下,本实验室已相继编写出版了《Geomagic Studio 逆向工程技术及应用》和《Geomagic Qualify 三维检测技术及应用》两本书,《Geomagic Design Direct 逆向设计技术及应用》一书的出版,也体现了本实验室在吸收逆向工程技术最新发展技术方面的成果。

　　在本书编写过程中,得到了 Geomagic(杰魔)上海软件有限公司提供的支持,并参考了国内外相关的技术文献和技术经验,以及 Geomagic(杰魔)上海软件有限公司软件网站 http://www.geomagic.com/zh/products/spark/overview 的相关资料,在此一并表示致谢。

　　由于编者水平及经验有限,加之时间紧迫,书中难免存在不足之处。欢迎各位专家、同仁批评指正。编者衷心希望通过同行间的交流促进逆向工程技术的进一步发展!

编　者

2014 年 10 月

目 录

CONTENTS

第1章

正逆向混合建模技术

1.1　逆向工程技术简介

逆向工程（reverse engineering，RE）也称为反求工程或反向工程，是一种产品设计技术再现过程，即对目标产品进行逆向分析和研究，并得到该产品的制造流程、组织结构、功能特性及技术规格等设计要素，然后在理解其原始设计意图的基础上进行再设计，以制作出外形或功能相近，但又不完全一样的产品。逆向工程源于商业及军事领域中的硬件分析，其主要目的是在不能轻易获取产品必要的生产信息的情况下，直接对成品进行分析，推导出产品的设计原理。

逆向工程的概念是相对于传统的产品设计流程即所谓的正向工程（forward engineering）而提出的。正向工程是指产品设计人员根据市场的需求，提前对产品的外部形状、功能特性和部分参数等进行规划，再利用三维CAD软件得到其三维数字化模型，然后对三维数字化模型进行CAE分析和快速成形以便于细节修改和功能完善，最后测试完成便进入批量生产制造。广义的逆向工程是指针对已有产品，消化吸收其内在的产品设计、制造和管理等各方面技术的一系列分析方法、手段和技术的综合，其研究对象主要是实物、影像和软件。狭义的逆向工程是指运用三维测量仪器对产品进行数据采集，根据所采集的数据通过逆向建模技术重构出产品的三维几何形状，并在这基础上进行创新设计和生产加工的过程。逆向工程与传统的正向工程不同之处在于两者的设计起点不同、设计要求和设计自由度也不相同，正向工程和逆向工程的流程如图1-1所示。

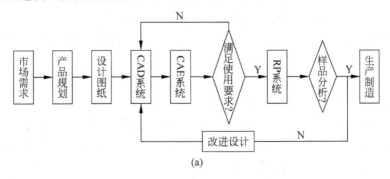

图 1-1　正向工程与逆向工程的具体流程

（a）正向工程的流程；（b）逆向工程的流程

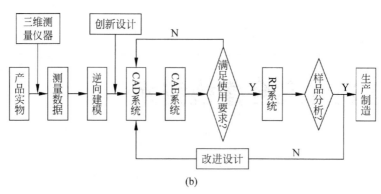

(b)

图 1-1 （续）

逆向工程不同于仿制，不是简单地复制产品模型，而是作为一种先进的设计方法被引入到新产品的开发和设计流程中，在重构产品 CAD 模型的基础上对产品的设计意图进行研究分析，是一种产品再设计和超越现有产品的过程。

1.2　逆向建模的概念和方法

国内外目前有关逆向工程的研究是以几何形状重构的逆向建模技术为主要目标。逆向建模就是针对已有的产品模型，利用三维数字化测量设备准确、快速地测量出产品表面的三维数据，然后根据测量数据通过三维几何建模方法重建产品 CAD 模型。逆向建模的具体流程如图 1-2 所示，可分为以下几个阶段。

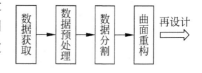

图 1-2　逆向建模流程

（1）数据获取：利用三维测量仪器对实物模型进行测量得到模型表面三维数据；

（2）数据预处理：对测量数据进行拼合、简化、过滤、三角化等预处理；

（3）数据分割：由于测量模型通常由多个不同几何特征的曲面组成，因此需要对测量数据进行分块；

（4）曲面重构：对各子曲面按其几何特征进行曲面拟合，最终重建得到产品完整的曲面模型。

逆向工程是基于对产品各部分进行功能分解，深刻理解各部分或功能的原始设计目的的逆向建模基础上，对其重构得到的 CAD 模型进行创新性修改，是基于原产品设计的再设计。

目前应用较多的逆向建模方法主要有：非特征建模，特征建模，参数化建模和混合建模。以上逆向建模方法在逆向工程中应用比较广泛，但在实现基于逆向工程的曲面重构和再设计功能方面均有不足之处。

非特征建模一般是指应用矩形域曲面如孔斯曲面、贝塞尔曲面、B 样条曲面和 NURBS 曲面等来重建得到原产品的曲面模型，该方法虽然能表达形状复杂的产品模型，但是由于不能很好地反映产品的原始设计意图，所得到的 CAD 模型只是对原产品的简单复制，主要用途还局限于数据的可视化和产品的快速成形。

特征建模一般是指通过抽取表达原始设计意图的、蕴涵在测量数据中的特征，重建出基于特征表达的曲面模型，然后经过求交裁剪等处理后重构得到原产品的 B-rep 曲面模型。

但是该方法只是单纯地重建曲面特征,忽略了特征之间的几何约束关系,不利于对产品进行创新和再设计。而且,对于组合特征(孔、槽、凸台等)的提取要求零件呈序列化特征,只适用于可参数化修改的简单二次曲面,应用范围较窄。

参数化建模一般是指通过提取隐含在产品模型中的原始设计参数,然后在可参数化修改的 CAD 软件中对有参特征进行编辑,如进行圆整编辑等。该建模方法能够比较方便的进行参数化修改,一定程度上提高了模型重建的效率。但能提取得到的参数信息有限,一般只适用于产品表面为规则曲面的模型,对于自由曲面等复杂曲面无法进行编辑修改。

混合建模是目前逆向工程中应用最为广泛的一种建模方法,其建模流程一般是首先在逆向建模软件中重构得到产品的三维表面数据,并将表面数据中有参特征的参数提取出来,然后将其导入正向建模软件中进行编辑修改和实体建模,即将逆向建模和正向设计有机结合,充分发挥各自的优势。该建模方法能有效反求产品的原始设计意图,能提高反求模型的参数化修改能力,有利于产品的创新再设计。该建模方法的流程如图 1-3 所示,这种基于正逆向建模软件的混合建模方法在建模过程中人机交互操作比较多,而且重建得到的曲面精度不高,在正向软件中曲面重构后一般都要进行误差分析,若重要曲面重建的差值太大,还要重新修改,建模耗时长。

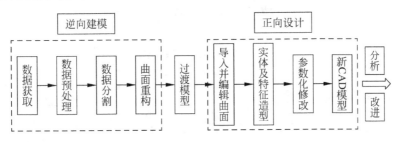

图 1-3　混合建模一般流程

其他混合建模方法还有:基于特征建模与非特征建模的混合建模方法和基于集成测量仪器的混合建模方法。基于特征建模和非特征建模的混合建模方法是指对同一产品模型中的不同几何特征的曲面采用相应的重构方法——将二次曲面、过渡曲面和规则曲面的特征信息抽取来来,再用 NURBS 曲面的形式重建各自由曲面,最后通过曲面间的拓扑约束和全局优化来生成最终的曲面模型。这种建模方法能处理融合了特征曲面和自由曲面的复杂模型,能提高对重建模型编辑修改的能力和建模效率。但是在进行曲面重构时,由于各曲面在公共边界及公共顶点处相互影响和制约,所以会出现无法精确表达 G1 连续性的情况。基于集成测量仪器的混合建模方法是指将多传感器——接触式与非接触式——组合成一个数据采集系统,然后应用不同传感器的优点以采集产品模型的数据更完整、精度更优良的表面信息。这种建模方法弥补了不同测量仪器的测量缺陷,数据采集的灵活性更高。但是这种建模方法中测量路径的优化亟待更深入的研究,而且存在不同仪器测量数据之间匹配精度不高的问题。

1.3　Geomagic Design Direct 软件混合建模技术

Geomagic Design Direct(构建于业界领先的 SpaceClaim® CAD API)是 Geomagic 公司推出的一款正逆向直接建模工具,兼有逆向建模软件的采集原始扫描数据并进行预处理的功能和正向建模软件的正向设计功能。它在一个完整的软件包中无缝结合了即时扫描数据（点云或网格面）编辑处理、二维截面草图创建、特征识别及提取、正向建模和装配构造等功能。基于 Geomagic Design Direct 的混合建模，用户可以直接将点云扫描或导入至应用程序，然后使用丰富的工具命令快速地创建和编辑实体模型。无需复杂的特征历史树向后保留建模过程，用户同样也可以自由地快速修改设计，并且无拘无束地更改特征的参数。

逆向建模技术和正向设计方法在构建产品的 CAD 模型时各有其长处，逆向建模的优势在于对原始测量数据的强大处理功能和曲面重构功能，正向设计的优势在于特征造型和实体造型功能，对几何特征的编辑修改比较方便。

Geomagic Design Direct 正逆向建模软件相对于其他逆向建模软件的优势在于融合了逆向建模技术和正向设计方法的长处，可以对原始扫描数据进行优化处理并封装得到网格面模型，能便捷地从网格面模型中获取截面草图并进行编辑，准确地识别并提取三维规则特征如二次曲面（平面、球面、圆锥面和圆柱面）与规则曲面实体特征（拉伸体、旋转体和扫掠体）。而且，具有强大的正向实体建模功能——既可对识别提取的规则特征进行编辑修改，还可对重构得到的实体模型进行创新性再设计。另外，对于不完整的原始扫描数据，在只能提取一些必要的截面草图和特征信息的情况下，也能重构得到产品完整的 CAD 模型。在 Geomagic Design Direct 中混合建模的具体流程如图 1-4 所示。

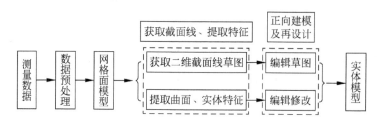

图 1-4　Geomagic Design Direct 混合建模流程

Geomagic Design Direct 正逆向建模软件与应用较为广泛的逆向建模软件 Geomagic Studio 二者之间的区别主要在于：重构得到的 CAD 模型的类型不同，能否对重构得到的特征的参数便捷地编辑修改。在 Geomagic Design Direct 中重构得到的是实体模型，通过计算并提取三角网格面模型中不同区域的曲率、法矢方向等参数，拟合得到相应的三维实体特征。在 Geomagic Studio 中重构得到的是曲面模型，需对三角网格面模型按几何形状特征进行划分，然后在划分后的各子网格面中分别拟合得到相应的三维曲面特征。相对于曲面模型，实体模型能更加完整、严密地描述模型的三维形状。而且，若要对 Geomagic Studio 重构得到的曲面模型进行参数编辑修改以实现创新性再设计，首先需应用其参数转换功能将曲面模型传送至正向建模软件，再通过求交裁剪等操作重构得到实体模型，然后才能对部分特征参数进行编辑修改，过程比较繁杂。而在 Geomagic Design Direct 中可直接对重建的实体模型进行草图编辑和参数化修改，无需导入正向设计软件，可在同一软件中实现正逆向设计的结合。

第2章

Geomagic Design Direct建模技术基础

2.1 Geomagic Design Direct 软件介绍

Geomagic Design Direct 是由美国 Geomagic 公司开发的一款功能强大的计算机正逆向混合设计软件。Geomagic Design Direct 可以从网格对象直接建模和抽取几何形状成 CAD 面和实体,是业界唯一一款结合了实时三维扫描、三维点云和三角网格编辑功能以及全面 CAD 造型设计、装配建模、二维工程图等功能的三维设计软件。

Geomagic Design Direct 的主要优点如下:

(1) 更快捷的建模。用户可以直接将点云扫描或导入至应用程序,然后使用动态推/拉工具集快速地创建和编辑实体模型。无需复杂的历史树,用户同样可自由地快速修改设计,无约束地更改参数。

(2) 更容易学习。Geomagic Design Direct 的直观控件和常规的正向造型思路使得设计人员可富有成效地实现 CAD 建模。

(3) 高度兼容性。Geomagic Design Direct 可通过第三方插件的组合进行定制,而且它很容易与主要的外部 CAD 软件包进行集成。

(4) 更高的工作效率。Geomagic Design Direct 有友好的界面和直观的直接建模工具,使得各种行业的工程人员无需成为 CAD 专家即可进行全面装配、设计和修改。

(5) 显著节约时间。利用 Geomagic Design Direct 进行设计的公司能够更快速地解决工程设计问题,并缩短设计开发时间。

(6) 丰富的标准模型库。通过免费的 TraceParts 库可访问超过一亿个一流零部件制造商的标准 CAD 模型。

综上,Geomagic Design Direct 将 CAD 功能与三维扫描结合,引领了一种全新的设计范式,它能够更好地精简产品开发窗口、加快加工效率、促进合作和加快产品上市。

2.2 Geomagic Design Direct 混合建模一般流程

Geomagic Design Direct 可以轻易地从扫描所得的点云数据中创建完美的多边形网格并提取几何形状创建 CAD 面和实体,对逆向工程各阶段提供了易于掌握的工具。

Geomagic Design Direct 逆向设计的原理是用许多细小空间三角网格来逼近还原 CAD

实体模型。其曲面、实体重建流程最重要的阶段是捕获阶段和设计阶段,捕获阶段共享了 Geomagic Studio 中的点处理和多边形处理功能,而设计阶段则在多边形网格上进一步抽取出曲线、曲面和实体,最终建成 CAD 模型。具体的逆向设计流程如图 2-1 所示。

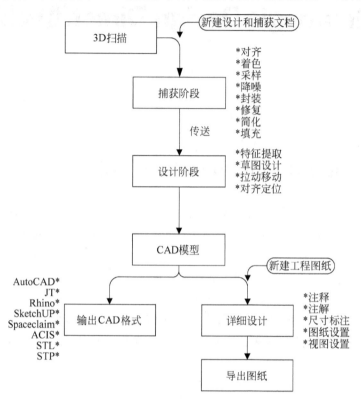

图 2-1　Geomagic Design Direct 混合建模基本流程

2.3　模块介绍

Design Direct 主要包含以下 6 个模块:捕获模块、设计模块、详细模块、显示模块、测量模块、修复模块。

1. 捕获模块

此模块的主要作用是通过对点云或者多边形网格面数据模型进行预处理,将数据模型表面进行光顺和优化处理,以提高后续曲面或实体重建的质量。其界面如图 2-2 所示。

图 2-2　捕获模块

捕获模块包含的主要功能有:

- 通过点或对应特征集将两个或更多的对象相互对齐并优化;

- 计算点云的法线以提供着色；
- 通过采样减少对象点的数目；
- 通过降噪以弥补扫描仪误差，使点的排列更加平滑；
- 将点转换为网格对象；
- 诊断和修复选定网格对象上的问题；
- 减少网格中的三角形数目但不影响表面细节；
- 检测并拉平网格上的单点尖峰；
- 使用曲线、切线或者平面填充法填充网格孔；
- 创建对象平面；
- 对网格重新划分三角形生成更加一致的刨分曲面；
- 对曲面进行平滑处理，改善网格的外观；
- 删除非流形三角形或网格中孤立无连接的小三角形。

2. 设计模块

此模块的主要作用是二维和三维的草绘与编辑。通过设计工具，可以在二维模式中绘制草图，在三维模式中生成和编辑实体，以及提取实体的特征拟合成自由曲面或规则特征、处理实体的装配体等。设计模块的界面如图 2-3 所示。

图 2-3　设计模块

设计模块包含的主要功能有：
- 绘制线条、矩形、圆、样条曲线等草图，并进行圆角、倒角、剪裁、延伸、镜像、移动等草图编辑；
- 偏置、拉伸、旋转、扫掠、拔模和过渡表面；以及将边角转化为圆角、倒直角或拉伸边；
- 移动任何单个的表面、曲面、实体或部件；
- 利用周围的曲面或实体填充所选区域；
- 将设计中的实体或曲面与其他实体或曲面进行合并和分割，也可以将实体或曲面与其他实体和曲面进行合并和分割、使用一个表面分割实体以及使用另一个表面来分割表面，还可以投影表面的边到设计中的其他实体和曲面；
- 插入部件、图像、平面、轴和参考轴系，以及在设计中的实体和曲面之间创建关系；
- 提取实体的特征拟合自由曲面，平面，圆柱面，圆锥面，球面，挤压，旋转，扫掠；
- 对部件进行操作时，可以指定它们彼此对齐的方式，对齐两个不同部件中对象的所选表面，对齐两个不同部件中对象的所选轴等。

3. 详细模块

此模块的主要作用是可以为设计添加注释、创建图纸以及查看设计更改。可通过自定义细节设计选项来遵循标准或创建自定义样式。详细模块的界面如图 2-4 所示。

图 2-4　详细模块

详细模块包含的主要功能有：
- 通过调整字体特征来设定注释文本格式；
- 使用文本、尺寸、几何公差、表格、表面光洁度符号、基准符号、中心标记、中心线和螺纹在设计上创建注释；
- 向图纸添加视图；
- 设定图纸格式；
- 创建标记幻灯片以展示设计的更改。

4. 显示模块

此模块的主要作用是可以通过修改显示选定对象、实体和边中显示的样式以及设计中显示的实体颜色，来自定义当前的设计。可以通过创建图层以保存不同的自定义操作和显示特性，创建窗口或分割窗口来自定义工作区以显示设计的多个视图。还可以显示或隐藏工作区工具。此外，也可以配置所有工作区窗口的停放/分离位置。其界面如图 2-5 所示。

图 2-5　显示模块

显示模块包含的主要功能有：
- 确定设计中实体的显示方式；
- 新建设计窗口、分割窗口以及在窗口之间快速切换；
- 确定栅格之上或之下的草图栅格和几何图形的显示方式；
- 显示或隐藏设计窗口中的工具。

5. 测量模块

此模块的主要作用是通过用数据、图像对 CAD 模型特征进行描述，评估所构建的 CAD 模型的质量。其界面如图 2-6 所示。

图 2-6　测量模块

测量模块包含的主要功能有：
- 单击一个实体或曲面以显示其属性；
- 测量对象，如面积、周长；

- 检查几何体的常见问题；
- 搜索装配体中零件之间的小间隙；
- 显示相交的边和体积；
- 显示表面或曲面的法线、格栅、曲率、偏差、反射条纹的阵列、拔模角度；
- 单击一条边显示这条边上相交的表面之间的两面角。

6. 修复模块

此模块的主要作用是通过计算机自动检测并修复模型的质量问题。其界面如图 2-7 所示。

图 2-7　修复模块

修复模块包含的主要功能有：
- 将曲面拼接成一个实体；
- 检测并修复曲面体间的间距；
- 检测并修复曲面体上缺失的表面；
- 检测并修复未标记新表面边界的重合边；
- 检测并删除不需要的边以定义模型形状；
- 检测并修复重复表面、曲线之间的间隙；
- 检测并删除重复曲线；
- 检测并删除小型曲线，弥补它们留下的间隙；
- 将所选曲线替换为直线、弧或样条曲线进行改进；
- 将两个或更多的表面替换成单个表面；
- 检测靠近切线的表面并使它们变形，直到它们相切；
- 检测并删除模型中的小型表面或狭长表面；
- 将面和曲线简化成平面、圆锥、圆柱、直线等。

2.4　工作界面

有两种方法可以启动 Geomagic Design Direct 应用软件：

（1）选择开始→所有程序→Geomagic→Geomagic Design Direct 命令；

（2）双击桌面上的 Geomagic Design Direct 图标 。

进入 Design Direct 后将看到如图 2-8 所示的工作界面。

Geomagic Design Direct 的工作界面主要分为面板窗口、应用程序菜单、快速访问工具栏、工具向导、状态栏、设计窗口、工具栏。

（1）面板窗口最初显示在应用程序窗口的左侧，并可以停靠和拆分。面板主要包括结构面板、图层面板、组面板、选择面板、视图面板、选项面板、属性面板等。

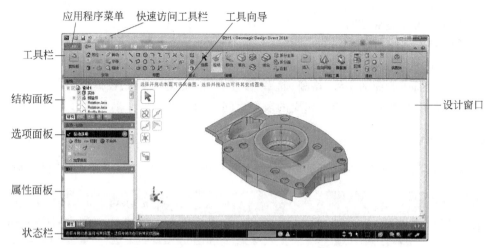

图 2-8　Geomagic Design Direct 的工作界面

单击面板右上角的 按钮将使所对应的面板自动隐藏到软件的左边，所有面板的名称显示在软件界面左边的边界上，光标停留在这些名称上时，将使相应的"面板"临时显示出来，当"面板"显示出来时，再次单击按钮将使"面板"窗口恢复到默认状态。

结构面板包含了结构树，它显示设计中的每个对象，如图 2-9 所示。可以使用该对象名称旁边的复选框快速显示或隐藏任何对象。还可以展开或折叠结构树的节点，重命名对象，创建、修改、替换和删除对象以及选择部件。

图层面板可定义多个图层，并将对象分组到不同图层以设置其视觉特性，如可见性和颜色，如图 2-10 所示。

选择面板可选择与当前所选目标相关的其他对象及属性，如图 2-11 所示。

图 2-9　结构面板

图 2-10　图层面板

图 2-11　选择面板

组面板存储所选对象的组，组就是用户可以将属性、类型相同或者任何所选对象设置为一组，方便选择、管理以及属性设置等操作，如图 2-12 所示。选择、Alt＋选择以及移动定位、轴和标尺尺寸信息均存储在组中。

视图面板显示设计的等角、正三轴测、上、下、前、后、左、右各面的主视图，还可创建、删除视图，更改视图的快捷键，如图 2-13 所示。

通过选项面板可修改、选择 Design Direct 命令工具的功能，如图 2-14 所示。例如，当使用拉动工具时，选择一条边，然后选择"拉动模式"中的"倒直角边"选项以在拉动该边时创建倒直角而不是圆角。

图 2-12　组面板

图 2-13　视图面板

图 2-14　选项面板

　　属性面板显示关于所选对象的详细信息。可以通过属性面板更改属性值,例如材料名称、文件名、文档路径等,如图 2-15 所示。

　　外观面板可改变背景的环境、颜色,如图 2-16 所示。

图 2-15　属性面板

图 2-16　外观面板

　　(2) 应用程序菜单包含文件新建、打开、保存等相关命令以及定制 Design Direct 的选项,如图 2-17 所示。

图 2-17　应用程序菜单

（3）快速访问工具栏包含文件相关的最常用快捷方式，如打开、保存、撤销、恢复、打印等命令。

（4）工具向导对当前使用的工具提供一系列的操作指引。

（5）状态栏会显示对当前设计的操作有关的提示信息和进度信息。

（6）设计窗口包含设计、细节设计和显示模型、图纸及三维标记需要的所有工具和模式。如果处于草图或剖面模式，则设计窗口包含草图栅格以显示用户使用的二维平面。

（7）工具栏包含所有按组分类的工具的菜单栏。可以在该工具栏中添加或删除工具，控制工具栏的位置和显示。

2.5　鼠标操作及热键

操作 Geomagic Design Direct 需要使用三键鼠标，这样有利于提高工作效率。鼠标键从左到右分别是左键（MB1）、中键（MB2）和右键（MB3）。

1. 鼠标左键

- MB1：单击选择用户界面的功能键和激活对象的元素；单击并拖拉激活对象的选中区域；在一个数值栏里单击上下箭头来增大或减少这个值。双击可选择环边；三连击可选择实体。
- Ctrl＋MB1：添加对象或在选中对象中删除对象。
- Shift＋MB1：单击一个对象，将当前所选对象延伸至该处，适用于表面和边。

2. 鼠标中键

- 滚轮：把光标放在要缩放的位置上并使用滚轮可进行缩放，即放大或缩小视窗中对象的任一部分；把光标放在数值栏里，滚动滚轮可增大或缩小数值。
- Ctrl＋MB2：缩放。
- Alt＋MB2：旋转。
- Shift＋MB3：移动。

3. 鼠标右键

- MB3：单击获得快捷菜单，包含了一些使用频繁的命令。

4. 快捷键

表 2-1 中列出的是默认快捷键，通过快捷键可快速获得某个命令，不用在菜单里或工具栏里面选择命令。

表 2-1　Design Direct 的常用快捷键

常用快捷键	含　义
Ctrl＋N	文件＞新建
Ctrl＋O	文件＞打开
Ctrl＋S	文件＞保存
Ctrl＋Shift＋S	文件＞另存为

续表

常用快捷键	含 义
Ctrl＋P	文件＞打印
Ctrl＋F	查找
Ctrl＋Z	撤销
Ctrl＋Y	恢复
Ctrl＋B	字体＞加粗
Ctrl＋I	字体＞倾斜
Ctrl＋U	字体＞下画线
Ctrl＋V	粘贴
Ctrl＋F2	打印预览
Ctrl＋A	全选
Ctrl＋0	等角视图
Ctrl＋1	正三轴测视图
Ctrl＋2	上视图
Ctrl＋3	底视图
Ctrl＋4	左视图
Ctrl＋5	右视图
Ctrl＋6	前视图
Ctrl＋7	后视图
Ctrl＋8	回位
Ctrl＋9	平面图
H	定向＞回位
V	定向＞平面图
Delete	删除
L	草图＞线条
R	草图＞矩形
C	草图＞圆
K	模式＞草图模式
X	模式＞刨面模式
D	模式＞三维模式
S	编辑＞选择
P	编辑＞拉动
M	编辑＞移动
F	编辑＞填充
I	相交＞组合
E	检查＞测量
N	选择方式菜单
Esc	取消当前操作
F1	帮助
F9	性能报告
F11	全屏模式查看
F12	另存为
Alt＋F4	退出 Design Direct

5. 鼠标手势

可以在"设计"窗口中使用鼠标手势,作为常用操作和工具的快捷方式。按住鼠标右键时可进行下列操作。若要取消操作,请暂停一秒钟。鼠标手势如图 2-18 所示。

类别	手势	说明	类别	手势	说明
常规		撤销	编辑		选择
		回复			全选
		切割			拉动
		复制 同倒置粘贴			移动
		粘贴 同 Ctrl＋V			填充 填满方块
		删除 同使用橡皮擦	定向		放大 将设计拉近
模式		草图 同顶部工具			缩小 将设计推远
		刨面 同中部工具			缩放范围 同字母 Z
		3D 同底部工具			顺时针旋转 90°
草绘		线 同字母 L			逆时针旋转 90°
		环 同线的反向	插入		平面 同扁平的字母 P
		矩形 同字母 R			轴 同多一个额外角的线
		投影到草图 投影到平面上			壳体 同刨面上带壳体的块
相交		组合 同字母 C			偏置
		拆分实体 同字母 S			镜像 同字母 M
		拆分表面	文件/文档命令		新设计 同字母 N
查看		原始视角 同遮蔽物			新窗口
		正三轴测视图 同从平面升起			上一窗口
		平面视图 同向下看			下一窗口
		上一视图 同左箭头			关闭文档
		下一视图 同右箭头			打印 同字母 P
测量		测量 同较窄的 M			

图 2-18　鼠标手势

2.6　视图导航

在 Geomagic Design Direct 捕获模块中包含多种视图,依次是"等测视图"、"斜视图"、"俯视图"、"仰视图"、"左视图"、"右视图"、"正视图"、"后视图",如图 2-19 所示。

在 Geomagic Design Direct 其他模块中包含多种视图,依次是"等角视图"、"正三轴测视图"、"上视图"、"底视图"、"左视图"、"右视图"、"前视图"、"后视图",如图 2-20 所示。

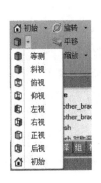

图 2-19　捕获阶段视图

图 2-20　设计阶段视图

选择视图可通过"定位"菜单中的视图下拉栏选择所需视图,也可以在设计窗口中单击右键,在出现的菜单中选择视图,如图 2-21 所示。也可以单击设计窗口左下角的坐标指示选择视图,如图 2-22 所示。单击鼠标中键自由拖动可自由查看对象。

图 2-21　右键菜单选择视图

图 2-22　坐标指示

2.7　选择工具

默认情况下,选择工具向导处于活动状态。此工具可通过单击、双击、三连击、Ctrl+单击、Shift+单击和 Alt+单击等操作以选择不同的对象。如图 2-23 所示为捕获阶段和设计阶段的选择下拉菜单。

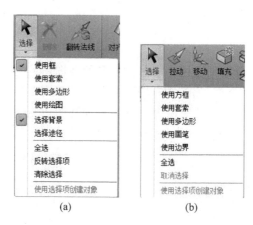

图 2-23   捕获阶段和设计阶段的选择下拉菜单

(a) 捕获阶段；(b) 设计阶段

- 使用(方)框：单击并拖动可绘制选择框。
- 使用套索：单击并拖动可围绕要选择的对象绘制一条手绘曲线。
- 使用多边形：单击点以在要选择的对象周围绘制多边形，双击以完成。
- 使用绘图：单击并拖动覆盖要选择的对象。
- 使用画笔：单击并拖到要选择的对象。
- 使用边界：选择一组面以定义边界，然后单击边界区域内的一个面以选择该区域内的所有面。

在设计阶段，可以通过按住左键的同时右击，会弹出选择的命令，如图 2-24 所示。

需要过滤掉某个对象时，可以使用状态栏中的下拉控件过滤选择，如图 2-25 所示。选择过滤器适用于每个工具。当切换到另一个工具时，过滤器选择会重置为默认设置。

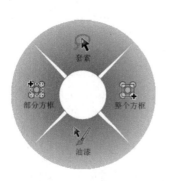

图 2-24   选择命令

图 2-25   选择过滤器

当选择对象时,只能选择在"过滤器"选项中选定的对象,通过单击进行选择时,将选择所有选中的对象。使用框选时,只选择最上面的对象。

2.8 文件导入/导出

Geomagic Design Direct可支持多种的点云数据、三角形网格和CAD格式的文件。

- Geomagic Design Direct支持主流的三维扫描仪的XYZ/ASCII格式,可处理有序或无序点云数据,包括有:

3PI-ShapeGrabber

AC-Steinbichler

ASC-generic ASCII

BTX-Surphaser

GPD- Geomagic

PTX- Leica

SCN-Laser Design

SCN-Next Engine

STB-Scantech

XYZ-Opton

XYZN-Cognitens

ZFS-Zoller & Frohlich

- 支持三角网格格式文件的导入/导出,如:3DS、OBJ、PLY、STL等。
- 支持三维CAD导入/导出格式,可导入ACIS,Acrobat,DXF,DWG,IDF,IGES,Rhino,SketchUp,STEP,STL,Bitmaps,Videos;可导出ACIS,Acrobat,DXF,DWG,IGES,KeyShot,PowerPoint,Rhino,SketchUp,STEP,STL,VRML,OBJ,XAML,XPS,Bitmaps,Videos。

2.9 Geomagic Design Direct基本操作实例

目标:了解和熟悉Geomagic Design Direct软件的界面与基本操作,了解Geomagic Design Direct的相关设置,使软件设置符合自己的使用要求和习惯。

步骤1 打开/导入文件

(1) 启动Geomagic Design Direct软件,选择菜单"文件"→"打开"命令或单击"快速访问工具栏"中的"打开"图标,弹出"打开"对话框,如图2-26所示。在"打开"对话框中选择文件所在目录,从中选取文件名为bracket-Bottom的文件,单击"打开"按钮。弹出"文件选项",如图2-27所示,可选择文件"单位"和"采样比例"。选择默认选项并单击"确定"按钮。文件被加载并显示到"设计窗口"区域,如图2-28所示。

(2) 选择菜单"捕获"→"插入"→"文件"命令,弹出"打开"对话框,在"打开"对话框中选择文件所在目录,从中选取文件名为bracket-Top的文件,单击"打开"按钮。弹出"文件选

图 2-26　"打开"对话框

图 2-27　文件选项

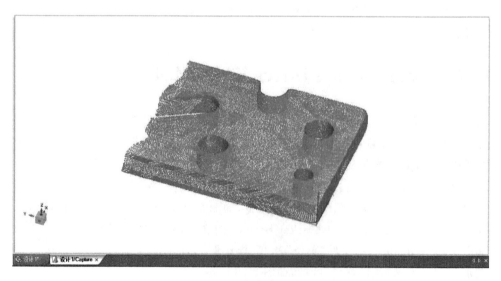

图 2-28　文件加载后效果

项",选择默认选项并单击"确定"按钮。文件被插入并显示到"设计窗口"区域,如图 2-29
所示。

图 2-29　插入后效果

提示

打开与插入的区别——当打开一个新的数据时,当前正在处理的数据将会被最小化从而新建一个数据文件,而当插入一个新的数据时,新的数据将会导入到当前坐标中与当前数据同时并存。

步骤 2　**平移、缩放、旋转对象**

在捕获阶段通过对齐命令将打开与插入的文件进行对齐(对齐方法将在后面的捕获阶段命令介绍中详细讲解),对齐效果如图 2-30 所示。

图 2-30　对齐效果

　　捕获模块和设计模块中的平移、缩放、旋转命令略有不同。在捕获模块中,鼠标快捷操作在"设计窗口"中始终保持箭头样式,而设计模块中根据不同的命令,在"设计窗口"中鼠标样式随之改变,如图 2-31 所示。在捕获阶段中,软件窗口右下角的状态栏始终处于暗色即不能使用状态,如图 2-32 所示;只有在设计阶段中软件窗口右下角的状态栏处于亮色即可以使用状态,如图 2-33 所示。

图 2-31　平移、缩放、旋转命令鼠标样式

图 2-32　捕获阶段状态栏　　　　　图 2-33　设计阶段状态栏

　　(1) 平移对象在设计窗口中的位置

　　① 将光标移动到"设计窗口"内,按住 Shift 键,同时按下鼠标中键。移动鼠标,"设计窗口"中的对象也将跟着移动,释放 Shift 键,或释放鼠标中键,完成操作。

　　② 单击软件右下角状态栏里面的平移命令 ，然后将光标移动到"设计窗口"内按住左键移动鼠标,"设计窗口"中的对象也将跟着移动。

　　(2) 缩放对象在视图中的大小

　　① 将光标移动到"设计窗口"内,滚动鼠标滚轮,向后滚动将放大对象,向前滚动将缩小对象,缩放中心为光标所在的位置。还可以按住 Ctrl 和鼠标中键,将光标上下移动来缩放对象。

　　② 单击软件右下角状态栏里面的缩放命令下拉菜单,选择所需缩放命令,如图 2-34 所示。当选择"放大"和"缩小"命令时,"设计窗口"中的对象自动放大或缩小。当选择"放大方框"命令时,将光标移动到"设计窗口"内,选择放大区域。当已经选择对象当中的某个部件时,可单击"缩放范围"使部件填满窗口。

　　(3) 旋转视图中的对象

　　① 将光标移动到"设计窗口"内,按下鼠标中键,不要松开。随着鼠标的移动,模型对象也跟着旋转。

　　② 单击软件右下角状态栏里面的旋转命令下拉菜单,选择"围绕中心"旋转或"围绕光标"旋转命令,如图 2-35 所示;然后将光标移动到"设计窗口"内按住左键移动鼠标,"设计窗口"中的对象也将跟着旋转。

图 2-34　缩放命令菜单　　　　　　图 2-35　旋转命令

步骤 3　预定义视图

单击"定向"菜单中的"预定义视图"图标,弹出视图选项。选择预定义视图命令后,模型自动地在"设计窗口"中显示相应的视图。如图 2-36 显示模型的左视图和俯视图。

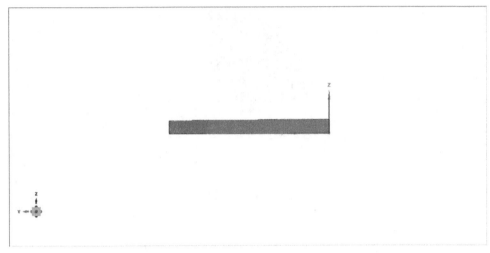

图 2-36　模型的左视图和俯视图

步骤 4　选择工具和删除

(1) 捕获阶段

对点云数据进行处理的过程中,往往需要对点云进行局部或者全部选择;对点云数据中多余的或者不需要的部分进行选择之后,再进行删除处理。在选择下拉栏中分别选择"使用框"、"使用套索"、"使用多边形"、"使用绘图"命令对模型进行选择,如图 2-37 所示。光标在设计窗口的空白处单击可以取消选择。

(2) 设计阶段

处理对象通过捕获模块的"传送"命令进入设计阶段,在软件右下角的状态栏中,分别选择"选择过滤器"中的"可见"和"通过"命令对模型进行选择。如图 2-38 和图 2-39 分别为

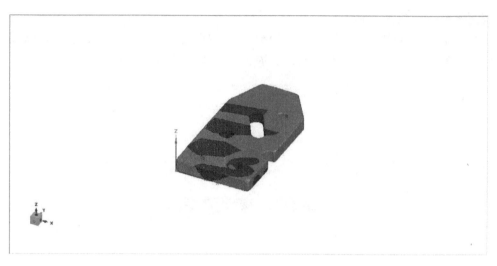

图 2-37　选择点云数据

单击设置辅助选择，用于其他工具中

单击设置辅助选择，用于其他工具中

图 2-38　选择可见——背面没有被选择

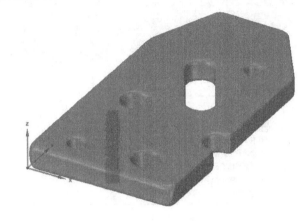

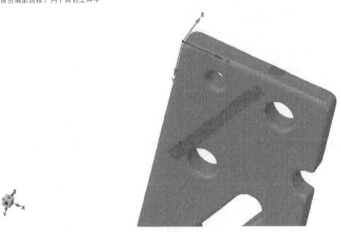

图 2-39　选择通过——背面被选择

"可见"和"通过"模式下在模型上进行选择后的结果。

步骤 5　设置默认打开/保存目录

单击文件菜单右下角的"选项"按钮,弹出"选项"对话框如图 2-40 所示。

单击左侧"支持文件"选项,分别选中"初始化打开对话框至下列目录"和"初始化保存对话框至下列目录"复选框,并单击右侧的浏览按钮,可分别设置打开和保存的默认路径,如图 2-41 所示。

步骤 6　保存并退出

单击文件菜单的另存为命令,弹出"另存为"对话框,如图 2-42 所示,单击"保存类型"下拉菜单,如图 2-43 所示,选择"SpaceClaim 文件"类型,文件名默认,单击保存按钮。

单击文件菜单的退出命令或者单击软件窗口右上角的关闭按钮,退出软件。

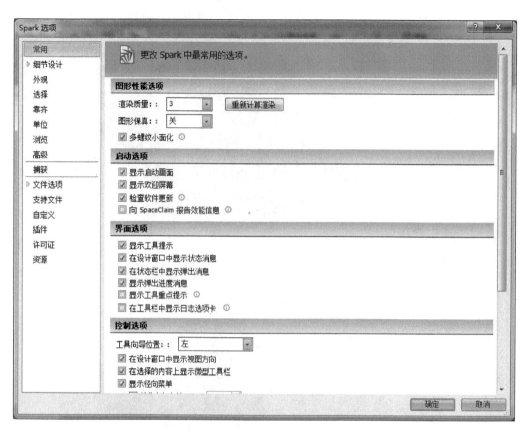

图 2-40 "选项"对话框

图 2-41 "浏览文件夹"对话框

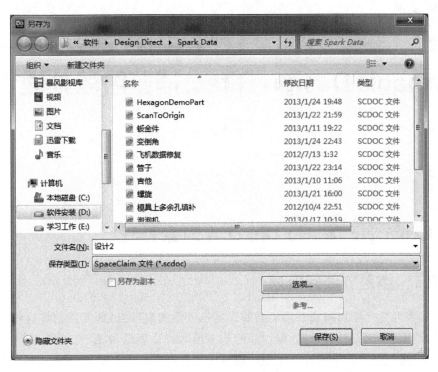

图 2-42　"另存为"对话框

图 2-43　保存类型

第3章

Geomagic Design Direct捕获阶段处理

3.1 Geomagic Design Direct 点对象处理

3.1.1 点对象处理概述

实物模型经过光学扫描设备采集到的数据是大量的离散点,通常我们将这些大规模的离散测量点称为点云,它能描述原型产品的基本形状特征和结构细节。但是由于不恰当的扫描方式,或者扫描系统受到外界光照环境和模型表面质量的干扰,在测量过程中都不可避免的存在误差,使得获得的扫描数据不是很理想,存在大量的冗余点云和噪声点云。

(1)在扫面过程中,由于扫描设备轻微的震动、扫描校准不准确或者背景及灯光的影响等原因,有可能会产生一定量的噪声点,这些噪声点会导致检测工件时产生较大误差,应该在重构前做清除处理。

(2)一般情况下,由于初始点云量很大,可达到上百万以上,会使得计算速度较慢,需要对点云进行采样处理,只需保留必要的点云数据。

Geomagic Design Direct 点阶段主要是对初始扫描数据进行一系列的预处理,包括为点着色、采样、降噪等处理,从而得到一个完整而理想的点云数据,以获得可用的点云数据,或封装成可用的多边形数据模型。其主要思路是:首先导入点云数据进行着色处理以更好地显示点云;然后进行采样、降噪、封装等技术操作,得到高质量的点云或多边形对象。

3.1.2 点对象处理的主要操作命令

点数据处理的主要操作命令在"捕获"菜单下的"点"处理工具栏中,有为点着色、采样、降噪、封装、合并 5 个工具,如图 3-1 所示。

图 3-1 工具栏命令

- 为点着色:用于点云着色,是为了更清楚、方便地观察点云的形状。
- 采样:在不移动任何点的情况下减少点的密度,便于点云的处理和计算。

- 降噪：用于减少在扫描过程中产生的一些噪声数据（模型表面粗糙的、非均匀的外表点云），可以弥补扫描的误差，使点的排列更平滑。
- 封装：将围绕点云封装计算，使点云数据转换为多边形模型。
- 合并：将两个或者三个点或者网格对象合并为一个组合点或者网格对象。

3.1.3　Geomagic Design Direct 点对象处理应用实例

扫描设备采集的点云数据，一般是大量冗余数据且存在噪声点，通过为点着色获得清楚的点云，采用采样降低点云的密度，通过降噪让点的排列更平滑，处理后的点云通过封装和合并的操作得到高质量的多边形对象。以下实例对 Geomagic Design Direct 点对象处理的相关命令进行介绍。

目标：把点云数据转化为高质量的多边形对象，提高和优化点对象以便后续的处理。在实例中主要对点对象的基本命令进行介绍，介绍载体为一个支架点云，通过点对象处理，得到一个高质量的多边形对象。

本实例中需要运用的主要命令：

（1）“点”→“为点着色”；

（2）“点”→“采样”；

（3）“点”→“降噪”；

（4）“点”→“封装”；

（5）“点”→“合并”。

本实例主要有以下几个步骤：

（1）在保证整体外形特征前提下通过采样处理减少点云密度；

（2）通过降噪处理，使点的排列更平滑，弥补扫描误差；

（3）封装出高质量的多边形对象。

步骤 1　启动 Geomagic Design Direct 软件

选择“文件”→“新建”→“设计和捕获文档”命令，然后单击文件“插入”按钮 ，选择所要插入的文件“zhijia1”，文件选项的设置如图 3-2 所示，然后单击确定，把点云调到合适的位置即可，点云如图 3-3 所示。

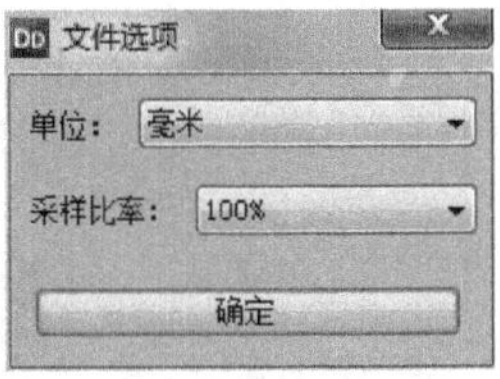

步骤 2　将点云着色

如果导入该软件的点云为黑色，为了更加清晰、方便地观察点云的形状，我们将点云进行着色，在本实例中，因为导入软件中的点云，呈现绿色，直接处理即可。选择菜单栏中“点”→“为点着色”命令，在设计窗口会出现如图 3-4 所示的工具导航按钮，依次

图 3-2　“文件选项”对话框

单击“翻转法线” →“定向到视图” →“完成” 按钮，着色后的视图如图 3-5 所示。

工具导航按钮说明：

（1） 翻转法线：由于默认的法线方向为外法线方向，单击该按钮，软件会翻转该点云模型的法线方向为内法线方向。

（2） 定向到视图：该命令用于根据当前的视图定向设置点法线方向。

（3） 完成：点云着色完后，单击该完成按钮。

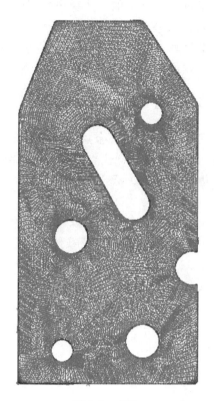

图 3-3　点云

图 3-4　工具导航按钮

图 3-5　着色后的点云

步骤 3　采样

选择菜单栏中"点"→"采样"命令,在选项中设为默认值,如图 3-6 所示,也可根据情况自己设置,设置完后单击"完成"按钮☑,系统开始采样,采样完后,退出对话框,完成采样如图 3-7 所示,采样后也可以看出点云数量的变化。

图 3-6 "采样"对话框

图 3-7 采样后的点云和减少的数量

对话框中主要选项说明如下：

- 间距：一般采用默认值，系统会根据采样点的数量来分析点对象并自动找出最佳的采样距离。也可根据需要手动设置采样间距。
- 目标：按百分比减少点云数目，目标一栏中的80%意味着点云数目将减少至原始点云数目的80%。
- 曲率优先：控制高曲率区域点的数量，曲率优先值越大，高曲率区域点的密度越大，所以根据扫描点云多次尝试调整曲率优先值，找出适合点云的选项设置。

步骤4 降噪

选择菜单栏中"点"→"降噪"命令弹出如图3-8所示的"降噪"对话框，降噪后的点云如图3-9所示。

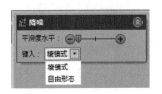

图 3-8 "降噪"对话框

图 3-9 降噪后的点云

对话框中的主要选项说明如下：

（1）平滑度水平：平滑度越高，降噪后的点排列越平滑，同时也会增加点处理的计算量，一般选择适中即可。

　　（2）键入：键入的类型有棱镜式和自由形态两种。

- 棱镜式：在降噪时，能够将点云整个模型表面的噪声点均匀地减少。
- 自由形态：随机的减少模型表面的噪声点，有可能有的噪声点没被处理到，也有可能把好的点云处理掉。

　　默认选择棱镜式，棱镜式键入比自由形态键入处理后的点云分布更均匀。

步骤5　封装

　　选择菜单栏中"点"→"封装"命令，弹出如图 3-10 所示的"封装"对话框，封装完后的图形如图 3-11 所示。

图 3-10　"封装"对话框

图 3-11　封装完后的多边形

　　对话框中的主要选项说明如下：

　　（1）"封装"栏：控制封装的参数设置。

- 降噪：可以对降噪的参数值选择，有无、最小值、中值、最大值 4 种方法。参数值是指系统减少噪声点，弥补扫描误差到设置的程度。参数"无"适合模具、机器、机械数据、已经单独做过减少噪声的数据模型，"中值"一般适合医学器官模型。
- 最大三角形：封装后多边形数量的临界值，当封装出来的多边形数量大于临界值，系统会自动的把多边形简化到临界值。最大三角形数设置的越大，封装后的多边形网格则越紧密。
- 保留原始数据：选中此复选框，系统将保留在对象模型管理器中的原始点云数据，否则原始点云数据不予保留。

　　（2）"高级"栏。

　　孔的最大允许边：一般采用默认设置，允许边设置的越大，封装后孔的边缘越圆滑，同样计算量也越大。

步骤6　合并

　　选择菜单栏中"点"→"合并"命令，弹出如图 3-12 所示的"合并"对话框，当模型为多片

图 3-12 "合并"对话框

点云或网格对象时可以使用该命令。在该实例中是将两片多边形合并为一个整体。

对话框中主要选项说明如下：

（1）"合并"栏：控制合并参数的设置。

输出类型：可以选择网格或者点，当选择输出类型为点时，可以对多变形网格重新封装。降噪、最大三角形、保留原始数据与"封装"栏中相同。

（2）"高级"栏。

移除重叠：一般都会选中此复选框，移除重叠的多边形网格。

步骤7 保存文件

将该阶段的模型数据进行保存。单击"文件"中的"另存为"命令，在弹出的对话框中选择合适的保存路径。命名为"zhijia"，单击"保存"按钮。

3.2 Geomagic Design Direct 数据对齐功能

3.2.1 扫描数据对齐概述

在通过测量设备进行数据测量的时候，由于种种原因，我们不能获得完整的点云数据。

对于接触式仪器中常常会有以下两种原因：

（1）待测量的零件尺寸较大，超出了测量机的最大行程范围，必须移动待测零件或移动三坐标测量机。

（2）当待测零件结构比较复杂的时候，有些需要测量的区域对于三坐标测量机的探头会形成一个死角，这就必须在不同的坐标系下进行测量。这是一种重新定位的方法，不过依据测量的复杂程度，需要制定出不同的测量方案，避免在第二次测量时再次出现死角。

同样，在使用非接触式仪器进行扫描时，只能先扫物体的上面部分，完成后需要翻转扫描对象，再次扫描。这就使得物体需要经过多次不同方位的扫描，得到多组点云数据。

对齐工具能够很好地解决以上在实际操作中遇到的对多片点云进行拼接的问题。

3.2.2 Geomagic Design Direct 数据对齐的主要操作命令

对齐功能的工具栏如图 3-13 所示。

图 3-13 对齐工具栏

- 对齐对象：允许使用点对或相应特征集将两个或者更多的对象相互对齐。
- 优化对齐：在对齐对象功能完成后，对数据进行进一步优化的工具。

3.2.3 Geomagic Design Direct 数据对齐实例

将两块钢板点云利用对齐对象功能进行对齐，对齐前后的效果如图 3-14 所示。

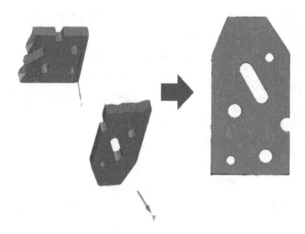

图 3-14　对齐处理前后效果图

本实例需要运用的主要操作命令：

（1）"捕获"→"对齐对象"→"拾取固定对象"；

（2）"捕获"→"对齐对象"→"拾取浮动对象"；

（3）"捕获"→"对齐对象"→"拾取点对"；

（4）"捕获"→"对齐对象"→"对齐"；

（5）"优化对齐"。

步骤 1　启动软件，进入软件运行页面

步骤 2　打开并插入文件

打开文件 文件(F)，打开一扫面文件夹，导入第一片点云"bracket-Bottom"，会出现一文件选项，如图 3-15 所示，根据需要选择合适的单位和采样比率，在此选择单位为"毫米"，采样比率为 100%，单击确定。然后单击页面上的文件插入 文件插入，插入第二片点云 bracket-Top.，同样页面会出现"bracket-Top"点云的文件选项，选择"毫米"和 100% 采样比率。插入后的两片点云及相应结构图如图 3-16 所示。

图 3-15　文件选项

图 3-16　两片点云及相应结构图

步骤 3　拼接

通过观察两片点云的形状，找到其共有区域处，然后通过在两片点云上建立对应的三个或者更多的点(一般三个即可,具体视点云复杂情况而定),使其一一对应进行拼接。

单击对齐对象 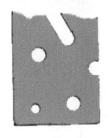 ,在页面的左边会出现拾取固定对象,在两片点云中选择一片为固定对象,然后下方拾取浮动对象图标会点亮,单击此图标,然后拾取另外一片点云为浮动对象。确定好两个对象后,两片点云的颜色也随之有区别(见图 3-17),可根据颜色区分固定对象和浮动对象。

图 3-17　选定对象后模型

对齐对象命令是对齐中最核心的功能,操作上比其他软件的对齐功能更加简便,当导入两片或两片以上的点云时,对齐对象的图标就会被点亮,单击此图标,在对话框中会出现6 个功能命令图标,如图 3-18 所示。当要使用对齐功能时,只要按照被点亮的图标依次选取即可,方便、有序是此功能的一大亮点,可以使初学者更容易接受。

对齐对象命令每个图标的含义如下:

(1) 拾取固定对象:选取一个或者多个固定的对象,选择多个对象的时候按住 Ctrl 键选取。

(2) 拾取浮动对象:选取一个对象,使其与固定对象对齐。

(3) 拾取点对象:在固定对象或者浮动对象中选取三对点或者更多对点,在选取的对象上都会显示相对应的编号一一对应。

图 3-18　对齐工具向导

(4) 旋转:对处理对象进行旋转以调整合适的方位。

(5) 拾取特征:拾取要将浮动对象对齐到的特征或原点。

(6) 翻转:以平面的法线方向旋转。

步骤4　取点

在两片点云上分别选择相对应的三个点。单击拾取点对图标,在固定对象上选择三个点,如图 3-19 所示,计算机会自动编号为 1,2,3。

然后在浮动对象上,如图 3-20 所示,也依次选取三个相对应位置的点。由于在对齐的时候,两片点云是一一对应到相应的位置,所以在选择第二对相对应点的时候一定要注意位置和顺序对应正确,以免产生错误的对齐。

提示

在对浮动对象进行标定的时候,如果觉得参考方位不是很好,可以单击页面中旋转 或者翻转 来对浮动对象进行旋转或者翻转,以确保能在最适合的方位来选取点。

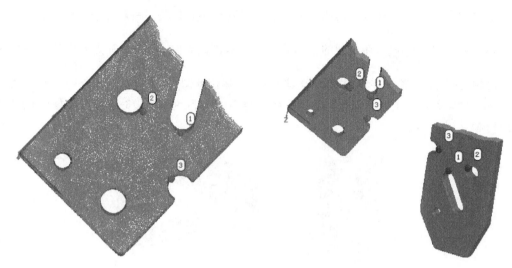

图 3-19 固定对象上取点   图 3-20 浮动实体上取点

在使用拾取点命令 时，特别需要注意的是在选取点的对数一定要相同，比如说在固定对象上选了 4 个点，在浮动对象上也需要相应选择 4 个点，选取的顺序也要一致，而且在选择点对的时候尽可能的对应同一个相应的位置，以增加对齐的精确度。

步骤 5 **进行对齐**

单击 ，两板自动对齐，如图 3-21 所示，同时在右下角会出现信息提示

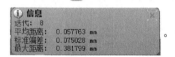

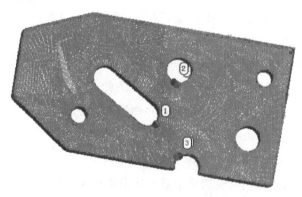

图 3-21 对齐后

在进行对齐完成后，可以用优化对齐功能对模型进行进一步优化。优化对齐时，因为通过运用对齐对象功能后，两片点云已经初步对齐，但依然是两个独立的点云部分，所以在优化对齐时，必须同时选取到这两个部分。

单击优化对齐图标 后，可以通过直接在设计窗口中按 Ctrl 键同时选取两部分点云，也可以通过按住 Ctrl 键，在左侧结构树（见图 3-22）中同时选取两部分点云部分。选取

好两部分后，单击☑。随后，在右下方会出现对齐后效果数据信息，如图 3-23 所示。

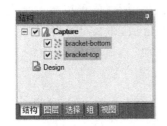

图 3-22　结构树中选取梁对象　　　　　　图 3-23　对齐后数据信息

 提示

在完成优化对齐后对使用前后的两组对齐信息进行对比，可以很清晰地区分出优化后改进的效果。

优化对齐 （此处为图标）是在对齐对象功能完成后，进一步进行优化的作用工具。在设计中，我们往往容易在对齐对象后，不再使用优化对齐，这使得我们得到的模型没有得到最佳的对齐效果，所以在使用完对齐对象后，最好再次优化对齐，可以进一步提高对齐精度，以得到最佳的对齐效果。

 提示

在对齐对象的过程有"选项"对话框，如图 3-24 所示，在对话框中有自动分开对象和优化对齐两个可选择的对象，一般情况下软件是默认已经选择两个功能。

当选择默认的"自动分开对象"选项时，如果对齐的效果不是很理想，想再次使用对齐对象，可依次选取固定对象和浮动

图 3-24　"选项"对话框

对象，再单击选取点对命令后，如图 3-25 所示的点云将会自动分开成两片。相反，没有选择时，两片点云将不会分开。

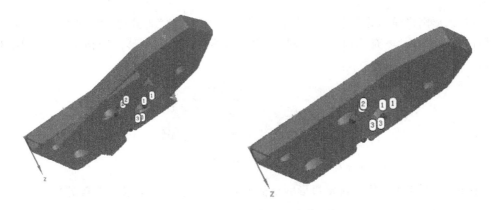

图 3-25　选取选项优化对齐前、后

如果选择了优化对齐功能,那么软件将会在选择点对后,对齐对象时自动优化对齐,使得在对齐后的对齐效果更佳。如果认为对齐的效果还不是很好,可以再次单击优化对齐图标,进一步对齐、优化。相反,如果没有选择优化对齐选项,那么对齐对象时将不会优化对齐,那么对齐后的效果不是很好,所以一般不要随意改动。

提示

对齐对象命令是对齐中最关键的命令,通过学习这个实例,我们应该进一步去思考当三片点云对齐或者更多的点云对齐时,我们应该如何去做。原理都是一样的,大家也可以尝试着去用这个命令对齐三片点云甚至更多的多云。另外,在利用对齐时,也可以尝试着用多个点来对齐。

步骤6   保存文件

将对齐的文件进行保存,保存为支架点云.scdoc格式。最后,退出软件界面。

3.3   Geomagic Design Direct 多边形对象处理功能

3.3.1   多边形对象处理阶段的功能介绍

Geomagic Design Direct 多边形对象(STL 文件格式)处理是对点云数据封装后进行一系列的多边形修复处理,从而得到一个高质量的多边形对象的过程。该多边形对象为后面的设计阶段的处理奠定了基础。

该处理阶段的主要思路及流程是:首先对合并后得到的多边形网格数据进行修复处理,以修复网格面中错误表达的网格面片;接着进行简化处理,在不影响几何形状和细节特征表达的前提下简化三角形数量以减少计算机的计算量;删除尖峰,检测并平滑处理网格面上的尖峰网格面片;填充,补充缺失的表面数据,使多边形对象更加完整;平滑,使多边形网格面变得平滑;分离三角形,删除主网格面以外的孤立网格面片。

3.3.2   多边形对象处理阶段的主要操作命令

对多边形网格面的处理主要是应用"捕获"模块下"网格"工具栏中的工具命令,包括修复、简化、删除尖峰、填充、对称平面、平滑、重分网格、分离三角形。网格工具栏如图 3-26 所示。

图 3-26   网格工具栏

"网格"工具栏主要用于对多边形网格面的修复、简化、去尖峰及填充等处理。

(1) 修复:用于诊断并修复网格面对象中错误表达的网格面片。

（2）　简化：用于简化网格面中的网格面片的数目。

（3）　删除尖峰：用于检测并平滑网格面中的尖峰网格面片。

（4）　填充：用于填充缺失的网格面片，有基于网格面片的曲率、切线和平面三种填充方式。

（5）　对称平面：用于创建对称的平面。

（6）　平滑：对曲面进行平滑处理，改善网格的外观。

（7）　重分网格：对网格重新划分三角形，生成更加一致的剖分曲面。

（8）　分离三角形：删除主网格面以外的孤立网格面片。

3.3.3　Geomagic Design Direct 多边形对象处理实例

点云数据经过封装（单组点云）或合并（多组点云）处理后，就可应用网格工具栏中的工具命令对由点云得到的多边形网格面进行处理。在多边形网格面对象处理阶段可以根据需求对模型进行修复和优化处理，以得到理想的多边形模型，下面就根据一个应用实例的操作过程对这些技术命令进行详细的介绍。

目标：对吉他模型网格面进行多边形对象阶段的基本处理，熟悉该阶段处理常用的基本技术命令。通过修复、简化、删除尖峰、填充、平滑等基本操作修复多边形网格，使多边形表面变得光滑平整，得到一个理想多边形模型。

本实例所用到的基本操作命令如下：

（1）"捕获"→"修复"→"诊断网格"→"完成"；

（2）"捕获"→"简化"→"完成"；

（3）"捕获"→"删除尖峰"→"完成"；

（4）"捕获"→"填充"→"填充类型"→"完成"；

（5）"捕获"→"平滑"→"完成"；

（6）"捕获"→"分离三角形"。

本实例的操作有以下几个主要步骤：

（1）修复处理，去除诊断出的多边形网格中的问题；

（2）简化处理，减少网格中三角形的数量；

（3）删除尖峰处理，去除多边形网格的钉状物；

（4）填充处理，补充缺失的数据，使多边形对象变得完整；

（5）平滑处理，使网格变得平滑；

（6）分离三角形处理，删除非流行和孤立的三角形。

步骤 1　**打开 jita.ply 文件**

启动 Geomagic Design Direct 软件，单击快捷工具栏上的"文件"图标按钮 文件(F)，

再单击"新建"图标按钮 新建(N)，单击选择"捕获文档"图标按钮 **捕获文档** 在新窗口中将捕获文档添加到当前设计中。

工作区域生成如图 3-27 所示的两层工作面。

图 3-27　两层工作面

在工具栏中单击"文件"图标按钮，系统弹出"打开文件"对话框，查找到 jita. ply 文件并单击选中，再单击"打开"按钮，工作区弹出如图 3-28 所示的文件选项对话框，默认单位为毫米，单击"确定"按钮。在工作图形区域显示多边形对象如图 3-29 所示。

图 3-28　"文件选项"对话框

图 3-29　吉他的多边形对象

"文件选项"对话框说明：单位一栏中包含英寸、毫米、英尺、计量仪等，可以根据不同的尺寸要求，选择不同的单位。

可以通过按住鼠标中键或按住 Ctrl＋鼠标右键旋转多边形视图，通过推动滚轮来改变视图的大小，通过按住 Alt＋鼠标右键来移动视图位置。工作区左边是"属性"栏，最下面是工作状态显示栏。

步骤2　修复

选择工具栏中"捕获"→"修复"命令，单击"修复"图标按钮，在选项面板中弹出如图 3-30 所示的修复统计对话框。软件会自动分析检测到整个多边形对象的问题，在对话框中呈现的问题有交集、非流形边、小组件、小孔、小通道、尖峰边、尖峰顶点等，可以根据多边形特征，选择取消复选框保留需要的特征。单击"诊断网格"图标按钮![图标]，诊断网格中的问题。如图 3-31 所示，红色区域为诊断出的问题网格，同时"修复统计"对话框中会显示出各个问题的数目，例如：小孔数目为2，尖峰顶点数目为 265。

图 3-30　"修复统计"对话框

然后,单击"完成"图标按钮 ,完成修复处理。通过修复处理后多边形网格面中错误表达的网格面片减少了很多,如图 3-32 所示为修复处理后的多边形对象。

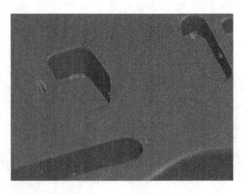

图 3-31 修复前

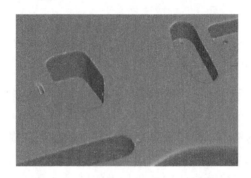

图 3-32 修复后

"修复统计"对话框说明:对话框中包含交集、非流行边、小组件、小孔、小通道、尖峰边、尖峰顶点选项,可以选中需要修复统计的复选框。各个选项会在问题诊断后,显示出相应问题的数目。

提示

(1) 修复可以完成对网格中大多数错误的修复,但不能修复所有的错误。

(2) 要注意对各曲面间的尖锐过渡区域和规则特征的保护。

步骤 3 简化

选择工具栏中"捕获"→"简化"命令,单击"简化"图标按钮 ,在选项面板中弹出如图 3-33 所示的对话框。

图 3-33 "简化"对话框

提示

简化的两种方式:

(1) 基于减少三角形数量,即用更少的三角形来表示模型载体。

(2) 基于公差的限制,对三角形进行移动与合并。

　　选择基于"三角形计数"的模式,设置目标项减少到"百分比"为60%,同时可以通过调节曲率优先的标尺至合适位置,使多边形表面质量能较好的保持。单击"完成"图标按钮 ,完成简化操作。如图3-34所示为简化前多边形模型,如图3-35所示为简化后多边形模型,可以看出简化后多边形表面质量没有发生明显改变。

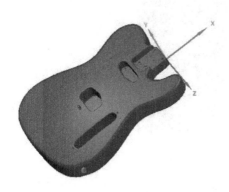
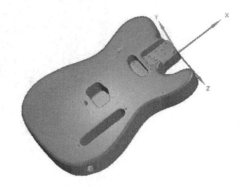

图 3-34　简化前　　　　　　　　　　　　　　图 3-35　简化后

提示

简化时选择合适的目标百分比,简化程度不要太大,防止模型失真变形。

"简化"对话框说明:

(1)目标设置是在网格中三角形数量减少的同时尽量保持多边形网格的表面质量,目标百分比需设置为合适的值,不能过大或过小,一般可设置为60%。

(2)曲率优先是指在网格面中曲率变化较大的区域保留较多的多边形网格面,在曲率变化平滑的区域保留较少的多边形网格面片。曲率优先设置时标尺应置于合适位置,以保证多边形网格表面质量。

步骤4　分离三角形

　　选择工具栏中"捕捉"→"分离三角形"命令,单击"分离三角形"图标按钮,软件自动进行分离三角形操作,删除非流行三角形或网格中孤立无连接的小三角形。完成后的效果图如图3-36所示。

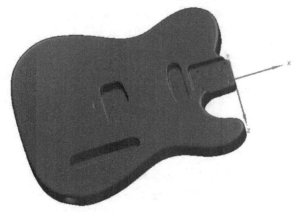

图 3-36　处理完成多边形

步骤5　删除尖峰

多边形网格面中通常会存在一些金字塔形状的网格面片,这些往往是存在误差的网格面片,影响表面的质量。本实例中的部分钉状物如图3-38所示,单击"删除尖峰"图形按钮

,弹出如图3-37所示删除尖峰对话框。将参数设定区域

中的"平滑度"设置为50%,单击"完成"图标按钮 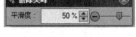,完成尖峰删除操作,得到如图3-39所示删除尖峰后的多边形模型。

图3-37　"删除尖峰"对话框

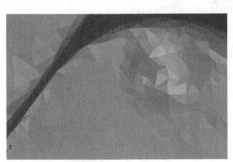

图3-38　删除尖峰前

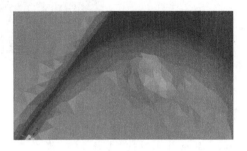

图3-39　删除尖峰后

步骤6　填充

选择工具栏中"捕获"→"填充"命令,单击"填充"图标按钮 ,多边形模型所有孔会自动被选中同时用绿色区域显示出来,如图3-40所示。单击"排除孔"图标按钮 ,可以单击图形特有而不需要填充的孔,以从选择中排除这些特有孔。

图3-40　填充前

填充方式有3种:

(1)  曲率填充:使用周围网格的曲率填充孔以推断出缺失的区域。

(2)  切线填充:按只与周围网格的连续相切填充孔。

(3)  平面填充:快速填充孔而不考虑周围网格区域。

单击图标按钮 ，选择“曲率填充”。单击“完成”图标按钮 ，完成填充操作，如图 3-41 所示。

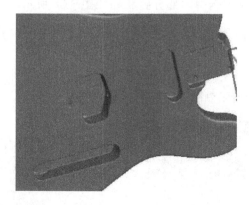

图 3-41　填充后

提示

（1）填充时一般按“曲率填充”模式填充来保证模型局部特征的恢复，精确度较高。

（2）如果填充效果不好，可以按 Ctrl＋Z 键（取消操作的快捷键）取消填充，该快捷命令同样可以用于其他误操作之后，但返回撤销的步骤只有 10 次。

（3）对于比较规则的完整孔或大量的小孔，可以采用一次全部填充的方法进行填充以提高效率，但对于模型上原有的特征孔，需要通过排除孔操作予以保留。

步骤 7　平滑

选择工具栏中“捕获”→“平滑”命令，单击“平滑”图标按钮 ，弹出如图 3-42 所示平滑对话框。移动标尺可以调整平滑度、强度到合适位置。单击网格对象，然后单击“完成”图标按钮 ，完成多边形网格的平滑处理。

平滑对话框说明：平滑度的值越大，模型表面就越平滑，但是平滑度过大，模型的一些小特征就会被忽略或删除。强度在多边形网格阶段无需设置，可以不用调节标尺。

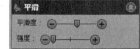

图 3-42　“平滑”选项面板

步骤 8　保存文件

将处理后的模型数据进行保存。单击软件窗口左上角的 文件(F) 按钮，选择并单击“另存为”命令，在弹出的对话框中选择适合的保存路径，命名为“jita”，保存格式为软件默认的格式“＊.sdoc”，然后单击“保存”按钮，完成文件的保存操作。

第4章

Geomagic Design Direct设计阶段建模工具

4.1　Geomagic Design Direct 设计阶段概述

在应用软件 Geomagic Design Direct 进行正逆向直接建模时,用户可以直接将扫描数据导入至软件中,再经预处理以得到光顺、表面质量较好的网格面数据,然后在基于截面草图和三维特征提取编辑的基础上,使用正向建模工具集快速地创建和编辑实体模型。

Geomagic Design Direct 之所以被称为正逆向直接建模工具,是因为它在一个完整的软件包中无缝结合了即时扫描数据处理、强大的三维点与网格面编辑功能和二维草图创建及编辑、CAD 设计功能。基于网格面模型的二维截面草图提取编辑功能和三维规则特征提取编辑功能是 Geomagic Design Direct 正逆向直接建模的最大优势。其中,二维截面草图的提取编辑和三维规则特征的提取在设计模块下都有专门的工具栏,将在第 5 章和第 6 章中分别进行介绍,本章只介绍设计模块下的其他正向建模工具的含义、功能及其具体操作方法。

Geomagic Design Direct 的正向建模功能不同于目前应用较为广泛的正向建模软件(如 SolidWorks 和 Pro/E 等),无需复杂的特征历史树向后保留建模过程,用户同样可以自由地快速修改设计,并且可以无约束地更改参数。在需要对目标对象进行编辑修改时,可在结构面板或设计窗口中选中,然后利用设计模块下丰富的正向建模工具直接进行编辑修改。

4.2　Geomagic Design Direct 正向建模工具及操作实例

Geomagic Design Direct 中的正向建模工具命令都集中在设计模块的各工具栏中,如图 4-1 所示。

图 4-1　设计模块下的工具

　　由图 4-1 可以看到,设计模块下丰富的工具命令包含在 10 个工具栏中:剪贴板、定向、草图、模式、编辑、相交、插入、网格、提取和装配体工具栏。其中,定向工具栏的功能和操作方法已经在第 2 章介绍过,这里就不再重复介绍了。草图和提取工具栏中的工具命令主要用于 Geomagic Design Direct 的二维截面草图提取编辑和特征提取,将在接下来的第 5 章和第 6 章中分别详细介绍。

4.2.1　剪贴板工具栏

　　剪贴板工具栏如图 4-2 所示,该工具栏下拉菜单中的工具命令的图标、含义和快捷键如下:

　　剪切:选择剪切工具可将所选对象剪切到剪贴板,快捷键:Ctrl+X。
　　复制:选择复制工具可将所选对象复制到剪贴板,快捷键:Ctrl+C。
　　粘贴:选择粘贴工具可从剪贴板粘贴对象,快捷键:Ctrl+V。
　　格式刷:选择格式刷工具可将视觉样式从一个对象复制到另

图 4-2　剪贴板工具栏

一个对象。

　　剪贴板工具栏的主要作用在于对目标对象进行复制,以减小建模工作量,缩短建模时间。在对目标对象进行复制时,先在结构面板窗口或设计窗口选中需要复制的目标对象(可按住 Ctrl 键,并单击鼠标左键以选中多个目标对象),如图 4-3 所示;然后分别单击剪贴板工具栏下拉菜单中的复制工具图标和粘贴工具图标,便可实现目标对象的复制。复制得到的结果如图 4-4 所示。

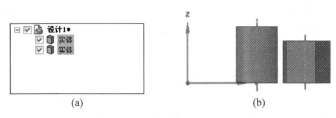

(a)　　　　　　　　　　　　(b)

图 4-3　选择需要复制的目标对象

(a) 在面板窗口选择目标对象;(b) 在设计窗口选择目标对象

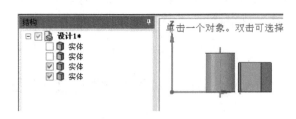

图 4-4　复制粘贴得到的结果

　　另外,应用剪贴板中的工具在一条边上粘贴圆角特征的具体步骤是:先单击选中圆角面作为目标对象并单击复制工具图标 （或按下 Ctrl+C 快捷键）,如图 4-5(a)所示;然后单击选中要粘贴圆角特征的边线并单击粘贴工具图标 （或按下 Ctrl+V 快捷键）,即可完成对圆角面特征的复制操作,如图 4-5(b)、(c)所示。

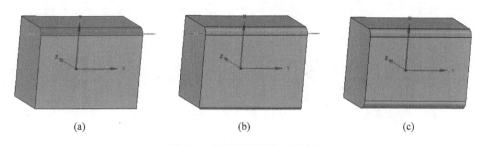

图 4-5　复制粘贴圆角面特征

（a）选择圆角面；（b）选择要粘贴圆角面的边线；（c）粘贴圆角面后的结果

提示

只有对目标对象进行复制后，才能激活粘贴工具。在设计窗口中选择一个实体对象进行复制时，需要按住 Ctrl 键并单击鼠标左键以选中实体的每个表面，否则复制得到的结果只是选中的实体的一个面，而不是实体。复制得到的结果与目标对象是完全重合的，可在结构面板窗口中选中/取消选中原对象或复制的对象，实现不同对象的显示/隐藏。

4.2.2　模式工具栏

模式工具栏如图 4-6 所示，该工具栏中的工具命令的图标、含义和快捷键如下：

图 4-6　模式工具栏

草图模式：选择草图模式工具可进入二维草图模式并使用草图栅格编辑提取的截面线草图，快捷键：K。

剖面模式：选择剖面模式工具可在横截面中通过操作实体的面（显示为边）和边（显示为点）来编辑实体，快捷键：X。

三维模式：选择三维模式工具可在三维空间中直接操作特征对象，快捷键：D。

模式工具栏的作用是方便用户快捷地切换到不同模式以提取或编辑特征。在草图模式下，可利用草图工具栏中的工具对二维截面线进行编辑修改。在剖面模式下，可选择一个横截面以获取目标对象（实体或网格面）的截面线和顶点进行操作来编辑目标对象。例如，可以通过拖动实体模型剖面中的边线以编辑实体模型的几何形状，或在顶点处应用草图工具栏中的创建圆角工具在实体的实际边线处创建圆角面特征。另外，还可以获取网格面对象的二维截面线草图，并利用草图工具栏中的"投影到草图"工具将其转换到草图模式下进行编辑修改，具体操作方法和步骤将在第 5 章中详细介绍。在三维模式下，可利用丰富的正向建模工具对二维平面、三维曲面和实体进行编辑修改。

在单击剖面模式工具图标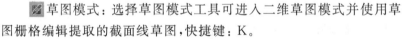后，首先要选择一个栅格平面作为创建横截面的参考，这时可以选择坐标系中的基准面或实体中的平面表面，如图 4-7 所示。选中后，软件会自动以所选择的平面为参考生成横截面，并即时在设计窗口中显示横截面与实体相交形成的剖面线和剖面点，如图 4-8 所示。

注意：本小节中的两个模型是分别由 XY 面中的圆形和五边形经过拉伸得到的实体。

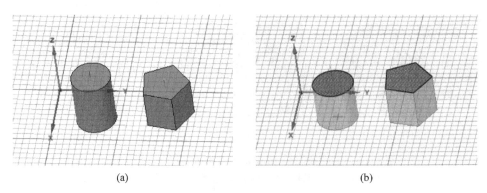

(a)　　　　　　　　　　　　　　　(b)

图 4-7　选择作为创建横截面的参考面

（a）选择基准面 *XY* 面作为参考；（b）选择实体模型的上表面作为参考

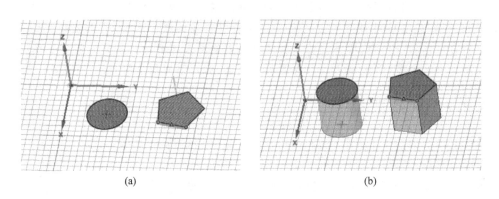

(a)　　　　　　　　　　　　　　　(b)

图 4-8　横截面与实体相交生成的剖面线和剖面点

（a）以 *XY* 平面为横截面得到的剖面线与剖面点；（b）以五边形实体上表面为横截面得到的剖面线与剖面点

> **提示**
>
> 由于在剖面模式下处理的是三维几何实体的横截面，因此拉动直线即可拉动表面，而拉动顶点即可拉动边。例如，要绕一条边旋转一个表面，则选择代表该表面的线，Alt＋单击选择代表该条边的顶点，然后拉动。在剖面模式下，移动草绘的边线不会移动其草绘的实体，必须移动剖面的边线（代表表面的直线或曲线）才能修改剖面模式中的实体。

生成横截面后，在设计窗口下方会自动弹出一行工具栏，共有 4 个工具命令，如图 4-9 所示，各工具命令的图标和含义如下：

　　返回三维模式：选择返回三维模式工具可切换到三维模式下并激活拉动工具，所有封闭的环将形成平面表面，相交的直线将形成相交的平面。

图 4-9　草绘微型工具栏

　　选择新的草图平面：单击选择新的草图平面工具可通过单击一个对象以便沿该对象定向新的草图栅格，并在上面进行草绘。

　　移动栅格：选择移动格栅工具可使用移动手柄来移动或旋转当前横截面的草图栅格，以获取目标位置处横截面与实体相交得到的剖面线与剖面点。

　　平面图：选择平面图工具以栅格正面朝向用户的方向显示用户获取的剖面线与剖

面点,即显示草图栅格的主视图。

生成横截面后,在选项面板中也会出现相应的选项,如图 4-10 所示,各选项的含义如下:

- 保持镜像:选择此选项可在编辑时保持设计中镜像的影响。
- 保持偏移:选择此选项可在编辑时保持设计中基准的影响。在横截面中查看时,基准面显示为蓝色的边。
- 保持草图连接性:选择此项可在移动草图曲线时保持草图曲线之间的连接。
- 笛卡儿坐标尺寸:选择此项可在编辑草图时使用笛卡儿坐标尺寸。

图 4-10　剖面模式下的选项面板

- 极坐标尺寸:选择此项可在编辑草图时使用极坐标尺寸。

注意:软件中默认的尺寸单位是毫米,要使用笛卡儿坐标尺寸或极坐标尺寸时,可单击圆弧的圆心或一个点来进行操作。

- 锁定基点:选中此项后以按基点测定尺寸,此基点在草绘时被锁定于一个设置的位置或参考位置。
- 对齐到栅格:选择此项可在草绘时使得光标将与最小栅格间距增量对齐。
- 对齐到角度:选择此项可在草绘时使得光标将与角度对齐增量对齐。
- 创建布局曲线:选中此项后,新近草绘的实体将会被创建为布局曲线,返回到三维模式时这些布局曲线不会自动填充或压印到表面上。
- 拟合曲线:选择此项可拟合横截面中的曲线段。
- 公差:通过单击"+"或"-"按钮以增大或减小曲线拟合的公差值,也可在公差命令栏中手动输入一个公差值。
- 自动合并:选择此项可在绘制草图时自动合并线条和弧线以形成样条曲线。

4.2.3　编辑工具栏

编辑工具栏如图 4-11 所示,该工具栏中的工具命令在应用 Geomagic Design Direct 进行正向建模的过程中使用最为频繁,特别是选择、拉动和移动工具命令,能实现丰富的建模操作。下面将对工具栏中的各工具命令进行详细介绍。

1. 选择

使用选择工具选择设计中的二维或三维对象进行编辑。可以选择三维的顶点、边、平面、轴、表面、曲面、圆角、实体和部件。在二维模式中,可以选择点和线。此外,还可以选择圆心和椭圆圆心、直线和边的中点以及样条曲线的中间点和端点。也可以选择结构树中的部件和其他对象。快捷键:S。

(1)下拉菜单:选择工具的下拉菜单中的选项如图 4-12 所示,包含了多种选择工具和选择命令。

图 4-11　编辑工具栏

图 4-12　选择工具下拉菜单

- 使用方框:单击鼠标左键并拖动鼠标可绘制选择框,选中选择框中的完整目标对象(对象边界完全在选择框中才可被选中)。
- 使用套索:单击鼠标左键并拖动鼠标可围绕要选择的对象绘制一条手绘曲线以选中被围绕的目标对象。
- 使用多边形:单击鼠标左键以在要选择的对象周围绘制多边形,双击以完成选择。
- 使用画笔:单击鼠标左键并拖动鼠标到要选择的对象上。
- 使用边界:选择一组面以定义边界,然后单击边界区域内的一个面以选择该区域内的所有面。
- 全选:选择活动部件中的所有对象。快捷键:Ctrl+A。
- 取消选择:取消选择所选的所有项目。
- 使用选择项创建对象:基于当前选择的目标对象创建新的栅格面,以作为草图绘制的基准面。

注意:套索、多边形、画笔和边界选择工具都只能单击选择一次才能使用一次,使用后都返回到软件默认的使用方框选择工具。

(2)选择向导:单击鼠标左键以选择高亮显示的对象;双击鼠标左键以选择环边(再次双击以循环选择下一组环);三连击鼠标左键以选择实体。单击并拖动鼠标左键以创建选择框。Ctrl+单击鼠标左键或 Shift+单击鼠标左键以添加或删除对象,Alt+单击鼠标左键以创建第二个选择集合。

（3）清除选择：移动光标设计窗口中的任意空白区域、并单击鼠标左键或从选择工具下拉菜单中选择取消选择，以清除已选取的对象。

（4）重合的可选择对象：当有多个对象会在二维模式中出现在同一位置。例如，实体的顶点和一条线的端点通常在空间中位于同一点。选择时，通过鼠标滚轮（而不必移动鼠标）来放大视图以检查是否选择了正确的对象。当两个曲面或实体有着相同的边时，如果选择该条边，鼠标置于该边之上时着色显示的表面是将受到对该条边操作影响的表面。可以转动鼠标滚轮以在两个表面之间切换。如果选择顶点，则将鼠标置于顶点之上时被着色的边将受到对顶点操作的影响。可以转动鼠标滚轮以在各边之间切换。当只显示边（例如在图纸视图中）时，可以使用滚轮来选择实体的表面。当表面高亮显示时，其边会变为稍粗的直线。

图 4-13　选择过滤器下拉菜单

（5）选择过滤器：选择过滤器工具图标 位于状态栏的右侧，下拉菜单如图 4-13 所示。当选择对象时，只能选择在"选择过滤器"选项中选定的对象。可以将选择（通过单击和使用框选）限制为各种不同的对象。选择过滤器适用于每个选择工具。当切换到另一个工具时，过滤器选择会重置为默认设置。

选择设置里有三个选项，它们的含义如下：

- 自动：选择可见面和与其连接的隐藏面；
- 可见：仅选择可见面；
- 通过：选择可见面和隐藏面。

2. 拉动

使用拉动工具可以对表面或实体对象进行偏置、拉伸、旋转、扫掠、拔模和过渡操作，也可以将边角转化为圆角、倒直角或拉伸边。当拉动一个目标对象时，首先要确定的是拉动方向，程序会提供一个默认方向，但使用方向工具向导也可以指定一个拉动方向；其次是确定要对目标对象进行何种操作。快捷键：P。

1）工具向导

单击拉动工具命令的图标后，在软件的设计窗口左侧会自动显示如下所示的六个工具向导。

选择：默认情况下，选择工具向导处于活动状态。当此工具向导活动时，可以执行标准选择任务以及创建自然偏置和圆角。选择一个表面、平行面或曲面边以进行偏置；选择一个实体边并将其变成圆角。Alt＋单击以选择驱动表面或驱动边进行旋转、定向拉伸、扫掠和拔模；Alt＋双击一条边以选择环边；Alt＋再次双击以循环选择各种环边。可以选择跨多个部件的对象进行拉动。

旋转：先选择一个绕轴旋转的表面或多选表面，然后单击旋转工具向导来选择旋转轴(可以是直线、边线或参考轴线),以实现对目标对象的旋转操作。

拉动方向:使用方向工具向导以选择直线、边、轴、参考坐标系轴、平面或平表面来设置拉动方向。

扫掠:选择要进行扫掠的平面,然后使用扫掠工具向导以选择要沿其扫掠的直线、曲线或边线,以得到扫掠实体。注意:扫掠轨线不能与扫掠表面位于同一平面中。

拔模斜度:选择同一实体中任意数量的相邻表面,然后使用拔模工具向导来选择要绕其旋转的平面、平表面或边。注意:需进行拔模的表面不能与要绕其旋转的中性面、表面或边线平行。

缩放实体:选择目标对象后使用缩放实体工具向导,选择一个进行缩放的锚点(可以是设计窗口中活动对象上的点或者坐标系的原点),然后按住鼠标左键并左右或上下移动,可以从该锚点处缩小或放大目标对象。

直到:使用直到工具向导选择要拉动的对象,被拉动的表面或边将与所指定目标对象的曲面配合或延伸到通过目标对象的平面。

2)选项面板

单击拉动工具命令的图标后,在软件的选项面板会自动显示如图4-14所示的拉动选项面板,各图标和选项的含义如下。

添加:选择添加工具以在拉动操作时添加材料即实体对象至已存在的实体上。

切割:选择切割工具以在拉动操作时删除实体上已存在的实体对象。

不合并:选择不合并工具以在拉动操作过程得到的实体不与造成干涉的实体发生合并。

同时拉两侧:选择同时拉两侧工具以拉动所选曲面、单边或孔轴的两侧。

完全拉动:选择完全拉动工具可在旋转操作时以获得360°旋转的实体、扫掠时以扫掠至轨线尾端或融合所有选定面。

测量:使用测量工具可显示已选择的单个目标对象的相关信息,比如平面的边界周长和面积等;也可显示出已选择的两点、两条边或两个表面之间的距离和角度。单击测量工具图标后在拉动选项面板会显示如图4-15所示的测量工具选项。其中,精度和角度精度一栏中的数字是指测量得到的数值精度保留到小数点后几位,可通过手动输入或单击上下三角形,以增大或减小测量目标对象显示的数值精度。单位一栏是测量数据的单位,可供选择的单位包括了:英寸、英尺、毫米、厘米和米。

图4-14 拉动选项面板

图4-15 测量工具选项面板

刻度尺：单击一个对象以从该对象的工具控点为起点，在操作时创建并显示刻度尺尺寸。

保持偏移：选择此项在执行拉动操作可在拉动时保持偏置关系。

加厚曲面：选择此项在执行拉动操作时将会加厚实体的曲面。当该项未被激活时，将会创建该曲面的偏置副本。按住 Ctrl＋Shift 以偏置曲面而不对其进行复制。

注意：图 4-14 中拉动选项面板中拉动模式下的部分工具图标与拉动工具在设计窗口中的工具向导的图标是一样的，如拉伸、旋转、扫掠和拔模，而且它们功能也是一样的。另外，比例工具和拉动工具向导中的缩放工具向导的功能是一样的，只是名称不一样。本节就不重复解释这些工具的功能了，只介绍前文中没有提到过的工具图标。

图 4-16　融合工具选项面板

融合：选择融合工具以在拉动操作时在所选的面、曲面或边之间创建融合关系。在进行融合操作时，在选项面板中会弹出如图 4-16 所示的选项面板，选项面板中各选项的含义如下：

- 旋转过渡：勾选此项在融合所选面时，在可能的情况下创建圆柱体或圆锥体。
- 周期过渡：勾选此项可在融合时将所选面进行 360°融合。但是，启用该选项要选择绕同一个公共轴旋转超过 180°的三个面。
- 规则的线段：勾选此项以在过渡剖面而非平滑剖面之间创建直线段。
- 本地导轨：勾选此项以使所选导向曲线只影响融合附近的区域。
- 定时导向：勾选此项在可能的情况下融合平面时产生"收腰"的效果，勾选此项与否得到的不同融合效果如图 4-17 所示。

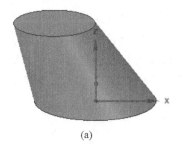
(a)

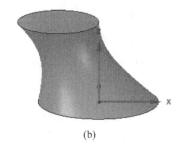
(b)

图 4-17　融合平面得到的不同结果

（a）未选中定时导向复选框得到的结果；（b）选中定时导向复选框得到的结果

圆角：选择圆角工具以在拉动操作时拖动所选边创建一个半径恒定的圆角。

倒角：选择倒角工具以在拉动操作时拖动所选边以创建一个等角倒直角。

突出边：选择突出边工具以在拉动操作时拖动所选边创建一个曲面。

复制边：选择复制边工具以在拉动操作时沿高亮显示的拉动箭头所指的方向拖动所选边进行复制。

旋转边：选择旋转边工具以在拉动操作时沿高亮显示的拉动箭头所指的方向拖动所选边进行旋转。

双侧拔模：选择双侧拔模工具以在拔模操作时沿中性面拆分所选的拔模面，即在参考面以及所选表面的相反方向绕轴旋转表面。

另外在应用旋转或扫掠工具向导时,在拉动选项面板下方会弹出相应的工具向导选项,如图 4-18 所示,各选项的含义如下。

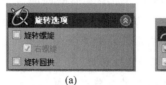

(a)　　　　　　　　　　(b)

图 4-18　工具向导选项面板

(a) 旋转工具向导的选项面板;(b) 扫掠工具向导的选项面板

① 旋转选项:

* 旋转螺旋:选择此项将所选面绕所选轴旋转以创建一个螺旋线,但需手动输入高度、节距和尖角的参数值。

* 右螺旋:选择此项将设置螺旋线绕轴旋转的方向为右旋。

* 旋转圆拱:选择此项后先选择一条旋转轴,然后拖动以创建一个旋转圆拱。

② 扫掠选项

* 垂直于参考轴系轨线:选择此项将使扫掠截面保持垂直于扫掠路径。

* 缩放剖面:选择此项后扫掠矢量可控制扫掠剖面的方向和比例。

3) 拉动工具建模实例

(1) 拉伸

如图 4-19(a)所示,原始对象为一个圆柱体和一个位于圆柱体正上方的六边形平面。在设计窗口中单击选中六边形平面对象后,单击拉动工具图标 ✎ ,再单击拉动选项面板中的添加工具图标 ➕ 。将光标移至六边形平面上,高亮显示的黄色箭头形光标会显示可进行拉动的方向,如图 4-19(b)所示,按住鼠标左键并向下移动光标至圆柱体下方。最终得到的结果如图 4-20(a)所示,其中图(b)和图(c)分别为选择切割 ▬ 和不合并 ◉ 工具向导后进行拉伸得到的结果。

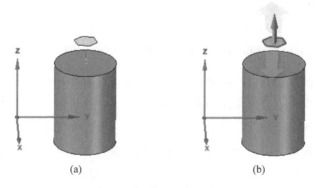

(a)　　　　　　　　　　(b)

图 4-19　拉伸面与拉伸方向

(a) 原始对象;(b) 确定拉伸方向

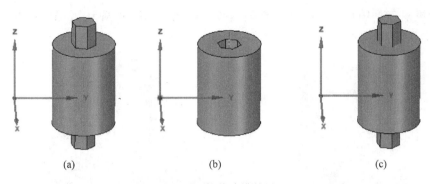

图 4-20　拉伸建模结果

(a) 由添加工具得到的结果；(b) 由切割工具得到的结果；(c) 由不合并工具得到的结果

注意：若拉伸的结果不理想，可按 Ctrl＋Z 撤销操作；选择添加工具后拉伸得到的是一个独立的实体，而选择不合并工具后拉伸得到的是两个实体。

（2）扫掠

如图 4-21(a)所示需进行扫掠建模的截面是 XY 平面上的一个椭圆面，扫掠路径是 XZ 平面中的一条样条曲线。建模步骤是：首先单击选择设计窗口中的椭圆面以选中需进行扫掠建模的目标对象；再分别单击拉动工具图标 及该工具下的扫掠工具向导图标 ，并单击选择样条曲线为扫掠路径，在自动弹出的选项框中单击完全拉动工具图标 ；最后得到的扫掠体如图 4-21(b)所示。

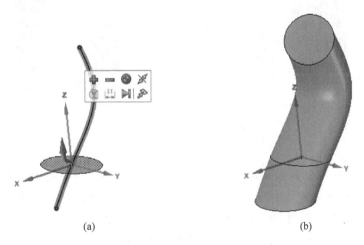

图 4-21　扫掠建模

(a) 扫掠截面与扫描路径；(b) 扫掠建模结果

（3）拔模

这里将对如图 4-22(a)所示的六边形棱柱体(底面与平面平行)进行拔模操作：首先单击拉动工具图标 及该工具下的拔模工具向导图标 ；再单击棱柱体的顶面作为中性面，按住 Ctrl 键并单击以选中棱柱体的 6 个侧面作为拔模面；选择完成后，在键盘上输入需要拔模的角度值。输入的数据会在拔模角度输入对话框中显示，见图 4-22(a)，然后按 Enter 键确认，拔模后的模型如图 4-22(b)所示。若中性面为平行于棱柱体顶面或底面，位于顶面和底面中间位置的平面时，如图 4-23(a)所示。单击选中后，先单击拔模工具向导选项面板中的双侧拔模工具图标 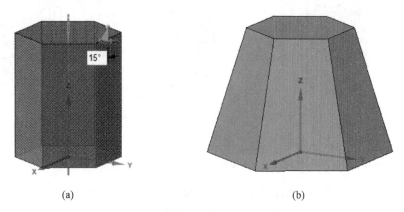，再输入拔模角度 15°，按 Enter 键确认后得到的拔模结果如
图 4-23(b)所示(结果中隐藏了中性面)。

(a)　　　　　　　　　　　　(b)

图 4-22　拔模建模实例 1

(a) 选择完成后输入拔模角度；(b) 拔模建模结果 1

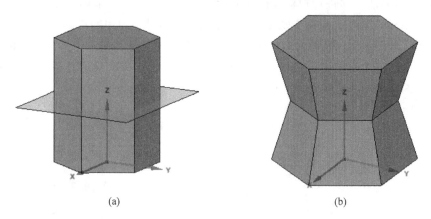

(a)　　　　　　　　　　　　(b)

图 4-23　拔模建模实例 2

(a) 拔模实体与中性面；(b) 薄膜建模结果 2

　　注意：因为底面与顶面是平行的，任意选择其中一个面做中性面都不影响结果。只是
若要得到一样的拔模结果，在选择另一面做中性面时，拔模角度值要改为相应的负值，如：
选顶面作为中性面进行拔模(拔模角度为 15°)，若在选择底面中性面后要得到一样的拔模
结果，拔模角度需改为 -15°。拔模操作时，应先选择中性面，再选择要拔模的面。

3. 移动

　　使用移动工具可移动任何对象，包括图纸视图。移动工具的行为基于所选内容而更改：
如果选择一个实体或曲面，则可以进行旋转或移动；如果选择一个表面或边，则可以移动或
绕其拉动。快捷键：M，移动工具下的工具向导及选项面板中各选项的功能及含义如下。

　　1) 工具向导

　　单击移动工具命令的图标后，在软件设计窗口的左侧会自动显示如下的移动工具向导。

　　选择：默认情况下，选择工具向导处于活动状态。当此工具向导活动时，可以选择

移动工具内的表面、曲面、实体或部件。

选择组件：使用选择组件工具向导单击任何对象，选择该对象所属的实体。再次单击以选择该对象所属的部件。

定位：选择一个对象，然后使用定位工具向导来选择将定位该移动的表面、边或顶点。可以将移动手柄定位到临时对象，例如通过 Alt＋Shift＋单击两个对象形成两个轴之间的相交。

移动方向：使用移动方向工具向导选择点、顶点、线、轴、平面或平表面，可定向移动手柄并设置移动的初始方向。

围绕轴轴向移动：使用围绕轴轴向移动工具选择要围绕其轴向移动选定对象的轴、直线或线性的边。

沿迹线移动：使用沿迹线移动工具向导选择一组线或边，可沿该迹线移动所选对象。

注意：为达到最佳效果，一般以较小的增量沿迹线移动。如果要移动的对象是一个凸起，则其将会被分离，然后重新连接到新位置。当沿迹线移动凸起时，会自动删除圆角。

支点：使用支点工具向导将已选择的物体围绕要选择的物体旋转。选择一个平面或边线以绕其旋转，选择一个阵列成员以固定它，或者选择一个组件用以分解装配体。

指向对象：使用指向对象工具向导选择面、边或轴以使选定的对象朝向该面、边或轴的方向定向移动。

直到：使用直到工具向导选择移动操作的终点对象，已选定的对象将直接移动至该终点对象。如果已选择了移动控制点的一个轴，则物体将只沿着这个方向移动。

2）选项面板

单击移动工具命令的图标后，在软件的选项面板会自动显示如图 4-24 所示的移动选项。各图标和选项的含义如下，其中测量和刻度尺工具与拉动选项面板中的含义和功能是一样的。

移动栅格：在草图模式和剖面模式下使用移动格栅工具将移动控点放置到草图栅格上。

对称移动：使用对称移动工具可根据每个对象相对于某平面的初始位置，将所选对象围绕该平面对称移动。同时，也可使用"支点"工具向导以指定对称平面。

图 4-24　移动选项面板

创建阵列：选择此项可将所选对象的副本拖到新位置时，以创建一个阵列。

保持方向：选择此项可在旋转对象或将其沿迹线移动时保持其初始方位。

首先分离：选择此项可在移动前分离凸起，移动后重新附着。

保持草图连接性：选择此项可在移动草图曲线时保持草图曲线之间的连接。

记住方向：记住方向工具可存储移动工具的当前方向以供后续操作使用，在该工具的下拉菜单如图 4-25 所示，下拉菜单中各选项的含义如下：

• 默认：基于所选的集合体定向移动工具。

- 全局：始终同一方向放置"移动"工具。
- 按对象：使用为所选对象而保存的方向放置移动工具。

图4-25　方向工具下拉菜单

输入 XYZ 坐标：选择目标对象后单击输入 XYZ 坐标工具图标，在自动弹出的目标对象三维坐标信息栏中手动输入目标坐标数据，然后按键盘上的 Enter 键，目标对象便会移动至输入的坐标位置。

4. 填充

使用填充工具可以使用目标对象周围的曲面或实体填充目标对象所在区域。填充工具可以"缝合"几何特征的许多切口，例如倒直角、圆角、旋转切除、凸起和凹陷以及通过组合工具中的删除区域工具删除的区域；还可用于简化曲面边缘和封闭曲面以形成实体。快捷键：F。

在草图模式下使用填充工具，可填充已接近封闭但有许多小间隙的二维曲线草图。因为若二维曲线草图的间隙过大，由封闭的二维曲线草图自动生成二维截面时将会出现错误。

1）填充区域详细步骤

（1）选择定义曲面区域的边，或定义实体区域的表面。

（2）单击填充工具图标或按快捷键：F。

2）填充二维草图

（1）选择封闭的或接近封闭的二维曲线草图。

（2）单击填充工具图标或按快捷键：F。

3）填充操作实例

如图4-26（a）所示，圆柱体中有一个六边形的通孔，先利用填充工具将这个通孔填充以得到一个实心的圆柱体。操作步骤：按住键盘上的 Ctrl 键并单击鼠标左键选中定义六边形通孔的6个平面，如图4-26（b）所示；然后单击填充工具图标或按键盘上的填充工具快捷键：F；得到的实心圆柱体如图4-26（c）所示。

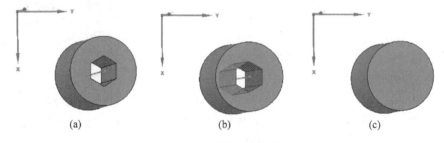

(a)　　　　　　　　　(b)　　　　　　　　　(c)

图4-26　填充操作实例

(a) 包含孔的圆柱体；(b) 选择定义孔的所有平面；(c) 填充操作后得到的圆柱体

5. 替换

使用替换工具可以将一个表面替换为另一个表面，也可以用来简化与圆柱体非常类似的样条曲线表面，或对齐一组已接近对齐的平表面。

1）工具向导

单击替换工具命令的图标后，在软件的设计窗口左侧会自动显示如下所示的三个工具向导。

目标：单击目标工具向导可选择要替换或简化的面或曲线。按住 Ctrl 键并单击可选择多个目标对象。

源：单击源工具向导可选择要用来替换目标对象的面或曲线。单击该工具向导可选择多个来源。

完成：替换或简化所选择的目标对象。

2）操作实例

通过把长方体的上平面替换为自由曲面来演示替换工具的详细操作步骤，替换前的目标对象如图 4-27 所示。

首先单击替换工具命令的图标，这时会自动激活目标工具向导，然后选择长方体的上平面作为要被替换的目标对象（绿色高亮显示），如图 4-28(a) 所示。目标对象选择完成后会自动激活源工具向导，选择自由曲面作为源对象（蓝色高亮显示），如图 4-28(b) 所示。目标替换对象选择完成后，软件会自动将上平面替换为自由曲面，如图 4-29 所示。

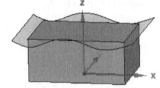

图 4-27　替换前的目标对象

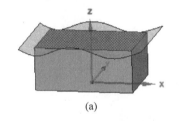

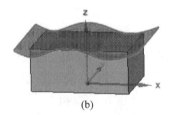

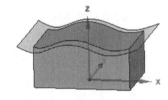

(a)　　　　　　　　　　　(b)

图 4-28　选择目标对象和源对象
(a) 选择目标对象；(b) 选择源对象

图 4-29　替换后的结果

6. 调整面

显示用于对所选面执行曲面编辑的控件，即单击该工具图标后软件自动切换到面编辑模块，如图 4-30 所示，该模块下各工具栏中工具和选项的含义如下。

图 4-30　面编辑模块下的工具栏

1）编辑方法工具栏

控制点：显示所编辑的面的控制点，以使用移动、缩放或其他工具来修改这些点的位置。

控制曲线：显示正在编辑的面的特性曲线。

过渡曲线：将选择的面修改成计算的横截面之间的过渡。

扫掠曲线：显示用于创建所选面的轮廓和扫掠曲线，以使用轮廓和路径重新创建实体。

2）选择工具栏

選 选择：单击以选择高亮显示的对象。拖动可选框，Ctrl＋单击和 Shift＋单击可添加或删除对象。

選 选择蓝色环：沿蓝色方向选择整个控制点环。

選 沿蓝色方向展开所选内容：沿蓝色方向向所选内容添加控制点。

選 沿蓝色方向减少选择内容：沿蓝色方向从所选内容删除控制点。

選 选择红色环：沿红色方向选择整个控制点环。

選 沿红色方向展开所选内容：沿红色方向向所选内容添加控制点。

選 沿红色方向减少选择内容：沿红色方向从所选内容删除控制点。

3）编辑工具栏

選 添加控制：在编辑的面上添加其他控制点、过渡曲线或控制曲线。

選 移动：选择要移动的对象并单击移动控点的一条轴，然后移动以移动对象。按住 Alt 并单击一个对象以定向此移动控点，在移动时按空格键可以控制移动尺寸。

選 比例：移动控制柄可使用二维方框缩放和旋转所选对象。

4）显示工具栏

（1）栅格：选择此项以在所选面上显示栅格。

選 颜色：单击颜色下拉菜单，可选择已选面上栅格的颜色。

選 比例：单击比例下拉菜单，可缩放已选面上栅格的大小。

（2）曲率：选择此项以在所选面上显示曲率值。

選 颜色：单击颜色下拉菜单，可在已选面上选择曲率显示的颜色。

選 颜色：单击颜色下拉菜单，可在另一与已选面相邻面上的二者曲率突变区域显示不同的曲率颜色，如图 4-31 所示。

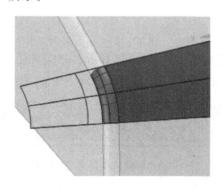

图 4-31　曲率突变区域显示不同的曲率颜色

注意：曲率选项一栏中，颜色下拉菜单可选择两种不同的分别显示曲率变化大和曲率变化小的区域。

（3）分布线：沿控制曲线显示曲率梳。

選 密度：单击密度下拉菜单，可控制曲率梳的密度。

選 比例：单击比例下拉菜单，可控制曲率梳的比例。

显示面外控制点：选择此项以显示定义曲面的面外控制点。

显示定期缝合：选择此项以显示控制点之间连线的缝合。

5）关闭工具栏

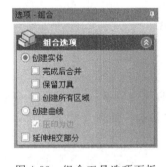 关闭曲面工具：在所选面上关闭曲面编辑工具。

4.2.4　相交工具栏

相交工具栏如图4-30所示，该工具栏中的工具命令的图标、含义和快捷键如下所述。

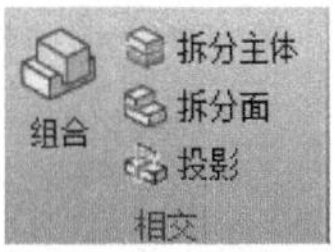

1.　组合

使用组合工具可以合并和分割实体及曲面，即布尔操作中的布尔加、布尔减和布尔交功能，快捷键：I。组合工具下的工具向导和选项面板中各选项的含义如下。

图4-32　相交工具栏

1）工具向导

单击组合工具命令的图标后，在软件的设计窗口左侧会自动显示如下所示的4个工具向导：

选择目标：选择目标对象以进行合并或分割。

选择要合并的实体：选择一个实体或曲面以将其合并到所选的目标对象。

选择刀具：单击要用于拆分所选目标对象的对象，可按住Ctrl＋单击选择多个刀具对象以用于拆分目标对象。

选择要删除的区域：将鼠标移至目标上可高亮显示（红色区域）通过剪切创建的区域，单击可删除高亮显示的区域。

2）选项面板

创建实体：选择此项以在目标对象和刀具对象即进行裁剪的工具相交时创建实体。

完成后合并：选择此项以在退出工具时合并新建的区域。

保留刀具：选择此项以保留刀具对象。

创建所有区域：选择此项以使目标和刀具相交，但目标和刀具必须是相同类型的几何体，即都是实体或都是曲面。

创建曲线：选择此项以在目标对象和刀具对象相交处创建三维曲线。

压印为边：选择此项以在目标对象和刀具对象相交处将曲线压印为边。

图4-33　组合工具选项面板

延伸相交部分：尝试将压印了"疤痕"的边延伸至最近的边以分割体。

3）组合工具操作实例

如图4-34(a)所示，操作对象为相交的长方体和圆柱体，接下来将以此为目标对象演示使用组合工具实现布尔减和布尔加的功能。

（1）布尔加

单击组合工具图标后，选择目标工具向导是自动激活的，先选择长方体作为需合并的目标对象（选中后的对象会高亮显示，如图4-34(a)所示）；再单击选择要合并的实体工具向导图标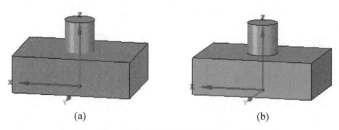，并单击选择圆柱体；选择完成后，长方体和圆柱体便通过布尔加操作合并成为一个整体，如图4-34(b)所示。

图 4-34　布尔加操作原始对象和结果

(a) 布尔加操作的原始对象；(b) 布尔加操作的结果

（2）布尔减

单击组合工具图标后，使用选择目标工具将长方体作为需切割的目标对象；再单击选择刀具工具向导图标，并单击圆柱体将它选作为刀具；然后单击选择要删除的区域工具向导图标，并移动光标在实体中选择要删除的区域，选中的区域会红色高亮显示，如图 4-35(a)所示，单击以确认选择；选择完成后，长方体和圆柱体经布尔减操作后得到的结果如图 4-35(b)所示。

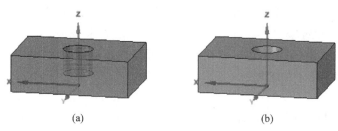

图 4-35　布尔减操作原始对象和结果

(a) 布尔减操作的原始对象；(b) 布尔减操作的结果

2. 拆分主体

使用拆分主体工具可以拆分实体的面或平面，或单击一条曲面边以拆分该曲面，也可以单击要删除的区域。拆分主体工具下的工具向导和选项面板中各选项的含义如下。

1）工具向导

单击拆分主体工具命令的图标后，在软件的设计窗口左侧会自动显示如下所示的 4 个工具向导：

选择目标：选择目标对象以进行拆分。

选择刀具：选择一个面以剪切已选的目标对象。

选择切口：选择切割循环（即已合并的两个实体间的交线）以切割本体。

选择要删除的区域：将鼠标移至目标上可高亮显示（红色区域）通过剪切创建的区域，单击可删除高亮显示的区域。

2）选项面板

完成后合并：选择此项以在退出工具时合并新建的区域。

延伸面：选择此项以延伸所选面以拆分目标实体。

局部切割：选择此项以按与基准面的局部相交切割本体。

3）拆分主体工具操作实例

图4-36　拆分主体工具选项面板

拆分主体操作的对象是前文中由组合工具的布尔加功能得到的实体（见图4-34（b）），这里将演示使用拆分主体工具将该实体拆分成长方体和圆柱体的具体操作步骤，以及利用组合工具的布尔交功能将拆分的两个实体重新合并成一个实体的具体操作步骤。

（1）拆分主体

单击拆分主体工具图标 后（选项面板中默认选项是"延伸面"），选择目标工具向导是自动激活的，先在设计窗口单击选中目标对象；选择完成后选择刀具工具向导会自动激活，这时可选择一个面来拆分目标对象，这里我们是选择长方体的上表平面作为刀具来拆分，如图4-37（a）所示；选择完成后，软件便会自动以该平面为分割面将目标对象拆分为两个独立的实体（一个长方体和一个圆柱体），如图4-37（b）所示。

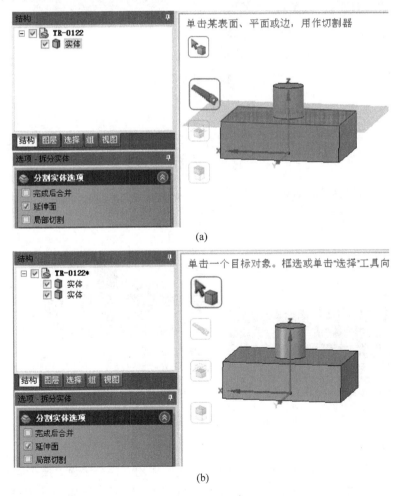

(a)

(b)

图4-37　拆分主体

（a）选择面作为刀具；（b）拆分主体的结果

　　另外,我们也可在"局部切割"选项下实现对目标对象的拆分。具体操作中,目标对象的选择与刀具的选择步骤是一样的。不同的是,在选择长方体的上表平面作为刀具后,软件会自动激活选择切口工具向导,这时只能选中两个具有不同几何特征实体之间的相交面作为分割面来拆分实体,如图 4-38 中阴影部分所示。拆分后得到的结果与在"延伸面"选项下得到的结果是一样的(见图 4-37(b))。

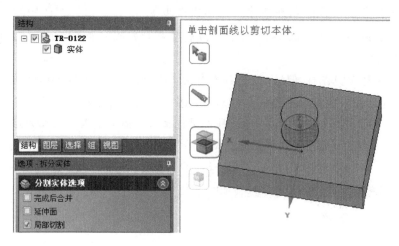

图 4-38　选择相交面作为刀具图

提示

　　拆分完成后,选择要删除的区域工具向导会自动激活,这时可移动光标至想要删除的区域(图 4-39 中红色高亮显示区域)并单击确认以删除所选择的实体部分。

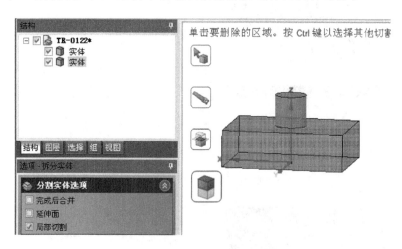

图 4-39　选择要删除的区域

(2) 布尔交

　　组合工具的布尔交功能可以将多个实体(这些实体均有一个表面隶属于同一个面)合并成一个实体。这里将利用组合工具将如图 4-37(b)所示的两个实体合并成一个实体。首先,单击组合工具图标 ◈ ,并选择要合并的目标对象之一;再单击选择要合并的实体工具向导图标![],并选择另外一个目标对象(已选择的对象会高亮显示),如图 4-40(a)中阴影显示的圆柱体所示；选择完成后,圆柱体与长方体便合并成一个整体,如图 4-40(b)所示。

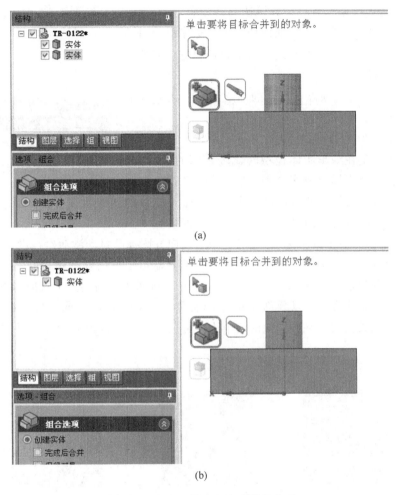

图 4-40 组合工具布尔交功能的实现

(a) 布尔交操作前的实体；(b) 布尔交操作后的实体

3. ![] 拆分面

使用拆分面工具以将一个所选择的面以多种方式拆分成多个独立的面,拆分面工具下的工具向导和选项面板中选项的含义如下。

1) 工具向导

单击拆分面工具命令的图标后,在软件的设计窗口左侧会自动显示如下所示的 6 个工具向导:

![]选择目标：使用选择目标工具来选择目标面以进行拆分。

![]选择 UV 切割器点：将鼠标光标停在一条边或一个面上可预览拆分效果,单击此边或面上的一点可拆分所选的目标面。

选择垂直切割器点：将鼠标光标停在一条边上可预览拆分效果，单击边上的一点可拆分所选的目标面。

选择两个刀具点：单击一条边上的一个点，将鼠标光标停在另一条边上可预览拆分效果，单击该边上的第二点可拆分所选的目标面。

选择刀具面：单击一个面以使用一个边来拆分目标面。

选择结果：在压印的曲线上单击以便将它们删除。

2）选项面板

创建曲线：选择此项以在所选的面上创建一条或多条草图曲线而不将表面分割。

图 4-41　拆分面工具选项面板

3）拆分面工作操作实例

拆分面工具是在编辑实体模型时比较常用的工具，应用该工具可将一个面拆分成多个面，然后对这些面进行独立操作以获得目标实体模型。这里将演示对一个圆柱体的圆柱面进行拆分面操作，并应用拉动工具对各个面进行拉伸以获得一个阶梯型的模型。

首先，单击拆分面工具图标后（此时选择工具向导图标已自动激活），在设计窗口选择圆柱面作为要拆分的目标对象。再单击选择 UV 切割器点工具向导图标，并将鼠标光标移至圆柱面上预览拆分效果（如图 4-42（a）所示）；或单击选择垂直切割点工具向导图标，并经鼠标光标移至圆柱面的边线上以预览拆分效果（如图 4-42（b）所示）；或单击选择两个刀具点工具向导图标，并先后分别在圆柱面的两个边线上选择一个点以预览拆分效果（如图 4-42（c）所示）。

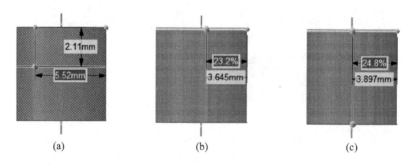

图 4-42　不同拆分工具向导的拆分结果

（a）UV 切割器点工具向导的结果；（b）垂直切割器点工具向导的结果；（c）两个刀具点工具向导的结果

经上述三种拆分方法对圆柱面进行拆分得到结果如图 4-43（a）所示，应用拉动工具对各个面进行拉伸后得到的新实体模型如图 4-43（b）所示。

注意：在应用选择 UV 切割器点工具向导进行拆分面操作后，选择结果工具向导会自动激活，这时可以选择高亮显示的分割线并将其删除（见图 4-44），以编辑修改得到的拆分面结果。选中面板选项中的创建曲线复选框后，拆分面操作只能在所选面上生成分割曲线，却没有实际的将一个面拆分成多个面，将鼠标光标移至圆柱面上，高亮显示的仍是一个完整的圆柱面（见图 4-45）。

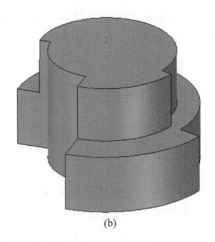

(a)　　　　　　　　　　　　　　　　　(b)

图 4-43　拆分结果与经拉伸编辑后得到的实体模型

(a) 拆分面操作后的圆柱面；(b) 经拉伸编辑后的阶梯模型

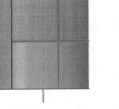

图 4-44　高亮显示的分割线　　　图 4-45　选中创建曲线复选框后拆分得到的结果

4. 投影

使用投影工具可以延伸其他实体、曲面、草图或注释文本的边在实体的表面创建边。

投影工具命令下的工具向导及选项面板如下所示。

1) 工具向导

单击投影工具命令的图标后，在软件的设计窗口左侧会自动显示如下所示的 4 个工具向导：

选择曲线：选择要投影到体上的曲线。

选择方向：选择曲线的投影方向。

选择目标面：选择要将曲线投影到的表面。

完成：投影所选曲线。

2) 选项面板

透过实体投影：选择该项可以透过实体投影。

投影轮廓边：选择该项可以投影实体或面的轮廓边。

延伸投影边：选择该项可以穿过其他对象延伸投影边。

延伸目标表面：选择该项可以在投影的表面大于目标面时延伸目标面。

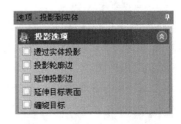

图 4-46　投影工具选项面板

缠绕目标：选择该项以缠绕曲线而不是投影。

注意：投影为垂直投影，且软件自动确定最近实体表面为投影面；Alt＋单击一个表面或一条边可以设置投影的另一个方向。

4.2.5　插入工具栏

插入工具栏是正向建模过程中较为常用的工具栏，应用其中的工具命令可生成坐标系以对齐世界坐标系，可以在实体模型中生成标准孔、圆柱体与球体等实体特征，以及平面与参考轴等建模参考特征。另外，还可以应用其中的工具命令对实体模型进行镜像、阵列等操作。插入工具栏如图 4-47 所示，该工具栏中的工具命令的图标和含义如下。

图 4-47　插入工具栏

　文件：选择文件工具可在已打开的文档中插入几何体或图像。当插入图像时，单击一个平面或平表面以定位图像，然后单击以便在文档中放置该图像。

　平面：选择平面工具可根据所选对象创建一个平面，或者创建一个包含所选草图元素的布局。

　轴：选择轴工具可从所选线条或边创建一条参考轴线（虚线形式）。

　原点：选择原点工具可在选定对象中心或选定平面的相交处创建坐标系。

　注意：使用原点工具通过选定平面来创建坐标系时，所选定的平面应是三个相互垂直的平面。

　圆柱：选择圆柱工具可在设计窗口中插入圆柱体，首先在不同的两点处单击以确定圆柱体的轴线方向，然后拖动鼠标并单击以确定圆柱体的半径。

　球：选择球工具可在设计窗口中插入球体，首先单击以确定球的中心点，再拖动鼠标并单击以确定球体的半径。

　线性：选择线性工具可创建一个线性一维或二维阵列。

　圆形：选择圆形工具可创建一个圆形阵列。

　填充：选择填充工具可创建一个阵列，并使用阵列成员"填充"区域。

　壳体：选择壳体工具可单击实体对象中要删除的面以创建壳体，然后设置该壳体的厚度尺寸。

　偏移：选择偏移工具可单击具有恒定偏移值的面以创建关系。单击一个面以将另一个面确定为基准面。

　镜像：选择镜像工具可单击一个平面或平表面以设置镜像平面，然后单击一个对象以镜像此对象。

　标准孔：选择标准孔工具可根据孔的标准尺寸值创建孔。单击标准孔工具图标后，工具栏自动弹出标准孔创建工具栏，如图 4-48 所示。标准孔创建工具栏与设计窗口中各工具及选项的功能和含义如下。

　使用栅格放置孔：选择使用栅格放置孔可通过在栅格上定位并单击来放置孔。

　放置孔：选择放置孔工具可通过移动光标至表面上并单击来放置孔。

　完成：单击完成工具以确认完成标准孔的创建。

图 4-48　标准孔创建工具栏

（1）类型工具栏中各选项的含义如下：

- 系列：在系列类型一栏中可选择创建孔的系列，有 IOS、MJ 和 NPS 等。
- 尺寸：在尺寸类型一栏中可选择创建孔的尺寸，根据标准孔的系列类型不同，尺寸也不相同，如系列类型一栏中选择的系列为 IOS，那么尺寸一栏中可选择的尺寸为 M1×0.25、M1.1×0.25×…×M2×0.4×…×M68×6 一系列尺寸。
- 拟合：在拟合一栏中默认的选择是标称，下拉菜单中还有关闭、中等和自由三个选项可供选择。
- 直径：在直径一栏中显示创建孔的直径数值，也可手动输入需创建孔的目标直径值。

（2）预览工具含义如下：

预览工具可预览需创建孔的效果，在下拉菜单中可显示创建直通孔和盲孔的预览效果图。创建孔的预览效果如图 4-49 所示，其中，直通孔一栏中分别是通孔、直通锥形沉头孔、直通柱坑孔和直通柱坑孔/锥形沉头孔；盲孔一栏分别是盲孔、盲点和盲点螺纹。

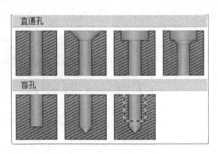

图 4-49　创建孔预览工具的下拉菜单

（3）处理工具栏中各选项含义如下：

- 盲孔：勾选此项可生成盲孔（默认生成的孔是通孔），并激活该选项下的孔深度命令栏。
- 孔深度：可在孔深度一栏中手动输入数值作为所生成的盲孔的深度。
- 带螺纹：勾选此项可生成螺纹孔（默认生成的孔没有螺纹），并激活该选项下的深度命令栏。
- 修饰设置：勾选此项可创建一个修饰螺纹，但只有螺纹尺寸大小符合螺纹表中尺寸大小时才可激活该选项以创建修饰螺纹，否则该选项被禁用。
- 深度：可在深度一栏中手动输入数值作为螺纹孔中螺纹的深度。

（4）样式工具栏各选项含义如下：

- 锥形沉头孔：勾选此项可创建锥形沉头孔，并激活该选项下方的直径和角度命令栏。
- 直径：可在直径一栏中手动输入数值作为锥形沉头孔中锥形部分圆锥体上方的直

径值。
- 角度：可在角度一栏中手动输入数值作为锥形沉头孔中锥形部分圆锥体的角度值。
- 柱坑孔：勾选此项可创建柱坑孔，并激活该选项下方的直径和深度命令栏。
- 直径：可在直径一栏中手动输入数值作为柱坑孔中柱头部分的直径值。
- 深度：可在深度一栏中手动输入数值作为柱坑孔中柱头部分的深度。

（5）底工具栏中选项及工具的含义如下：
- 钻孔点：勾选此项可生成钻孔点，并激活该选项下方的角度命令栏和工具命令。
- 角度：可在角度一栏中手动输入数值作为钻孔点中锥形部分圆锥体的角度值。

🔲 到肩深度：测量钻孔点上方到到钻孔点肩部的深度。

🔲 到尖端深度：测量钻孔点上方到到钻孔点尖端的深度。

（6）关闭工具栏 ⊠：关闭标准孔创建工具栏，并返回至设计阶段的三维模式下。

4.2.6 网格工具栏

网格工具栏如图 4-50 所示，该工具栏中的工具命令的图标和含义如下。

1. 🔺 定向网格

选择定向网格工具可将网格面模型定向到坐标系，即对网格面模型重建或对齐其三维坐标系，定向网格工具下的工具向导及选项面板（见图 4-51）各选项的含义如下。

图 4-50 网格工具栏   图 4-51 定向网格工具选项面板

1）工具向导

🔲选择网格：通过选择网格工具可拾取要对齐的网格面数据，选择后可根据网格面中三角网格面的曲率自动拟合提取用于对齐到坐标系的平面。

🔲选择坐标系：通过选择坐标系工具可拾取要将网格面模型对齐到的除全局坐标系之外的坐标系。

🔲 XY 平面：通过 XY 平面工具可从网格面中选择要对齐到已选择的坐标系的 XY 平面的提取平面。

🔲 XZ 平面：通过 XZ 平面工具可从网格面中选择要对齐到已选择的坐标系的 XZ 平面的提取平面。

🔲 YZ 平面：通过 YZ 平面工具可从网格面中选择要对齐到已选择的坐标系的 YZ 平面的提取平面。

🔲 X 轴：通过 X 轴工具可从网格面中选择要对齐到已选择的坐标系的 X 轴的提取轴。

🔲 Y 轴：通过 Y 轴工具可从网格面中选择要对齐到已选择的坐标系的 Y 轴的提取轴。

*Z*轴：通过*Z*轴工具可从网格面中选择要对齐到已选择的坐标系的*Z*轴的提取轴。

创建轴：通过创建轴工具可将所有提取到的轴添加到结构面板中。

创建平面：通过创建平面工具可将所有提取到的平面添加到结构面板中。

2）选项面板

平面敏感度：通过单击"－"或"＋"以减小或增大从网格面模型中自动检测并提取平面的敏感度，敏感度越高，提取的平面就越多越小。

对齐平面和轴：勾选此项可在进行初始自动定向后，将平面和轴与全局坐标系对齐。

优化区域：勾选此项可在提取平面和轴之前尝试对网格面区域进行优化。

显示平面和轴：勾选此项可显示从网格面数据提取的平面和轴。

3）定向网格工具操作实例

利用定向网格工具对齐网格面的全局坐标系的方法有两种：第一种是利用定向网格工具下的*XY*/*YZ*/*XZ*平面工具向导通过定义各坐标面来对齐坐标系；第二种是利用定向网格工具下的*X*/*Y*/*Z*轴工具向导定义各坐标轴来对齐坐标系。由于第二种方法与第一种类似，也很简单，只是使用的工具不同，下文将以支架模型的网格面数据（见图4-52）为例子具体介绍第一种方法。

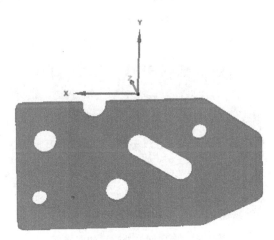

图4-52　定向网格处理前的网格面

首先单击定向网格工具图标并在设计窗口单击选择要进行定向的网格面，软件会自动提取平面并移动全局坐标系，如图4-53所示。

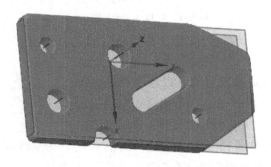

图4-53　提取平面

　　然后单击 XY 平面工具向导并分别选择一个平面以定义为坐标系的 XY 面,定义坐标系的 YZ 面与 XZ 面方法一样。但需要注意的是,选择以定义为坐标面的三个平面要相互垂直。如图 4-54 所示,已被选择用于定义坐标面的平面的边界会高亮显示:XY 面的边界是紫色高亮显示,XZ 面的边界是绿色高亮显示,YZ 面的边界是红色高亮显示。

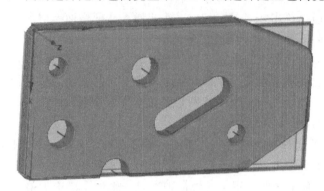

图 4-54　选择平面以定义为坐标面

　　坐标系的三个面定义完成后,双击编辑工具栏的选择工具图标 ,软件便自动将全局坐标系移动至由已选择的三个平面定义的坐标系位置处,并返回至三维模式(见图 4-55)。

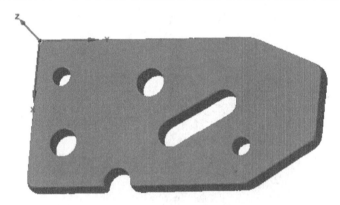

图 4-55　定向网格处理后的网格面

2. 横截面

　　选择横截面工具可提取网格模型的等距横截面并将各横截面与网格模型的相交曲线拟合到网格中及各个截面平面上。横截面工具下的工具向导及选项面板(见图 4-56)中各选项的含义如下。

　　1) 工具向导

　　选择网格:通过选择网格工具以选择要做截面的网格面模型,当设计窗口中只有一个网格面模型被激活时,默认选择该已激活的网格面模型。

　　选择路径:通过选择路径工具以选择要沿其创建截面的曲线或边。选择路径后将会产生垂直于路径的

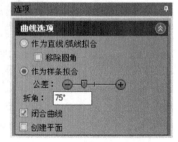

图 4-56　横截面工具的曲线选项面板

一定数量和间隔的截面平面。

选择平面参考：通过选择平面参考工具可选择参考对象（平面或坐标轴）以定义截面平面的方向。选择平面作为参考时，会产生平行于参考平面的一定数量和间隔的截面平面；选择坐标轴作为参考时，产生垂直于坐标轴的一定数量和间隔的截面平面。

拟合曲线：通过拟合曲线工具可将截面平面与网格面数据的交线拟合到网格面中及截面平面上。

2）选项面板

作为直线/弧线拟合：勾选此项可将截面平面与网格面之间的交线以直线和弧线的形式拟合到网格面中及截面平面上。

移除圆角：勾选此项可移截面平面与网格面之间的交线中的圆角以创建锐角。

作为样条拟合：勾选此项可将截面平面与网格面之间的交线以样条曲线的形式拟合到网格面及截面平面上。

公差：通过单击"＋"或"－"按钮以增大或减小曲线拟合的公差值。

折角：可在折角命令栏中手动输入角度值以指定可以拟合一条曲线的截面中允许的最大折痕。高折角表示一条曲线将拟合到整个截面，而低折角表示将创建许多条曲线。

闭合曲线：勾选此项以闭合简单的截面平面与网格面之间的交线。

创建曲面：勾选此项可在生成截面平面与网格面之间的交线后，将截面平面保留并添加到结构面板。

提示

在图 4-57(a)中可以看到选择路径或平面或坐标轴作为参考后，会弹出关于截面平面的命令输入栏，可在截面一栏手动输入生成截面平面的个数值，可在间距一栏手动输入各等距截面平面之间的距离值。另外，还可单击图中的红色或灰色箭头以改变截面平面的生成方向，如图 4-57(b)所示。

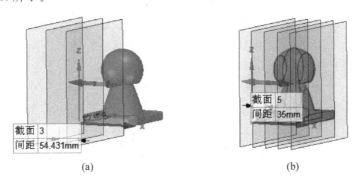

(a)　　　　　　　　　　(b)

图 4-57　由横截面工具生成的截面平面

(a) 自动生成的截面平面数据；(b) 编辑后的截面平面数据

4.2.7　装配体工具栏

装配工具栏中的工具命令主要用于约束、定向及对齐实体对象，装配体工具栏如图 4-58 所示，该工具栏中的工具命令的图标和含义如下。

相切：选择相切工具可使所选元素相切。有效面对包括平面与平面、圆柱面与平面、球与平面、圆柱与圆柱，以及球与球。

对齐：选择对齐工具可利用所选的轴、点、平面或这些元素的组合对齐组件。

图4-58　装配体工具栏

定向：选择定向工具可定向组件，以使所选元素的方向相同。

刚性：选择刚性工具可锁定两个或以上组件之间的相对方向和位置。

齿轮：选择齿轮工具可使两个表面沿着一条直线相切，并禁止沿这条直线的表面之间出现任何滑移。有效的表面包括圆柱体和圆柱体、圆锥体和圆锥体、平面和圆柱体以及平面和圆锥体。

定位：选择定位工具可选择组件的一个表面以修复该组件的方向和位置。

第5章

基于Geomagic Design Direct的草图建模

5.1 Geomagic Design Direct 草图建模功能概述

基于网格面模型的二维截面草图提取编辑功能和三维规则特征提取编辑功能是正逆向混合建模软件 Geomagic Design Direct 的两个核心功能,本章首先介绍的是 Geomagic Design Direct 中基于二维截面线草图的建模功能。二维截面线草图的获取对几何形状重构具有重要意义,特别是对于由多种几何特征混合构成的复杂实体模型,在草图中不仅可以无约束地对几何尺寸进行实时修改,而且可以通过添加参数限制几何元素间的约束关系,最终获得符合设计意图的三维几何模型。

在 Geomagic Design Direct 中应用草图工具进行逆向建模的步骤比较简单:首先,在剖面模式下获取较完整的二维截面线草图;然后通过草图工具栏下的工具对二维截面线草图进行编辑修改;最后应用正向建模工具由二维截面生成三维实体,以得到还原设计意图的实体模型。接下来的内容将详细介绍设计阶段下草图工具栏中各工具命令及选项的含义,从网格面模型中获取其二维截面线并对其进行编辑修改的详细操作步骤。

在 Geomagic Design Direct 中基于二维截面线的几何形状重构的具体建模流程为:

(1) 获取截面线,主要操作有选择(或创建)截面、移动截面栅格、将截面线投影到草图;

(2) 截面线草图编辑,主要操作有删除多余截面线、编辑修改以构造还原设计意图的截面线;

(3) 应用正向建模工具对由封闭截面线构造的二维截面进行操作生成三维几何实体。

5.2 Geomagic Design Direct 草图建模工具

草图工具栏如图 5-1 所示,工具栏中各工具命令及其含义如下。草图选项面板如图 5-2 所示,选项面板中各选项的含义在前一章中已经介绍过,这里不再重复介绍了,只对相应工具的选项进行介绍。

(1) ╲线条 选择线条工具可绘制直线,单击确定两不同的点即可得到由这两点的连线所形成的线段。或者单击以创建折线的每个点,然后双击结束并确认折线的创建。线条工具的选项面板如图 5-3 所示。

图 5-1　草图工具栏　　　　　　　　　图 5-2　草图选项面板

从中心定义线：勾选此项以从中点开始草绘线条。

（2）　切线　选择切线工具可绘制曲线等对象的切线。首先单击一条曲线以开始绘制与其相切的线条，然后单击确定线条终点。

（3）　参考线　选择参考线工具可绘制一条参考直线，或者单击以创建折线的每个点，然后双击以结束参考线创建。在三维模式下绘制的参考线可作为轴线。参考线工具的选项面板与线条工具的一样，不再重复介绍。

（4）　矩形　选择矩形工具可绘制一个矩形。首先单击确定矩形的一个顶点，再单击以确定与该顶点呈对角关系的另一顶点，即可得到由这两点的连线为对角线的矩形。矩形工具的选项面板如图 5-4 所示。

图 5-3　线条工具选项面板　　　　　　图 5-4　矩形工具选项面板

从中线定义矩形：勾选此项以从其中心开始草绘矩形。

（5）　三点矩形　选择三点矩形工具可绘制一个矩形。首先单击并拖动来绘制矩形的一条边，然后单击确定另一边。三点矩形工具的选项面板与矩形工具的一样，不再重复介绍。

（6）　椭圆　选择椭圆工具可绘制一个椭圆。首先单击确定椭圆中心，再单击确定第一个轴的方位和长度，然后单击确定第二个轴的长度。

（7）　圆　选择圆工具可绘制一个圆。可单击并拖动以绘制一个圆，或者单击以设定圆心，再次单击以设定圆的直径。

（8）　三点圆　选择三点圆工具可通过单击三个点以创建这些点所确定的圆。另外，也可单击选中一条曲线（或直线）和一条直线（或曲线），并单击曲线或直线上的一点可创建与它们相切的圆。三点圆工具的选项面板如图 5-5 所示。

三点圆扇形：勾选此项可创作一个三点圆扇形的弧。

（9）⊙ 多边形 选择多边形工具可绘制一个正多边形。首先单击以设置多边形的中心，然后单击以设置其直径和方向。还可选择已完成的多边形，并调整其属性以更改边数。多边形工具的选项面板如图5-6所示。

图5-5 三点圆工具选项面板 　　　　图5-6 多边形工具选项面板

使用内圆半径：勾选此项可以根据多边形的内切圆直径确定多边形的尺寸。

（10）⌐ 相切弧 选择相切弧工具可绘制一段相切圆弧。首先单击一个线条或曲线以开始绘制与其相切的弧，然后单击以确定其半径和弦角。

（11）↖ 三点弧 选择三点弧工具可绘制一段圆弧。首先单击确定弧线的起点，再单击以确定其终点，最后单击确定其半径。

（12）↺ 扫掠弧 选择扫掠弧工具可绘制一段扫掠圆弧。首先单击确定弧的圆心，再单击确定弧的半径和起点，最后单击确定弧的终点。

（13）↳ 样条曲线 选择样条曲线工具可绘制一条样条曲线。首先通过单击来确定样条曲线的各个点，然后双击以结束并确认样条曲线的绘制。样条曲线工具的选项面板如图5-7所示。

绘制连续样条曲线：勾选此项后可在草图栅格上绘制一条连续路径以创建一条样条曲线。

（14）∘点 选择点工具可绘制一个点。单击以确定绘制点的位置。

（15）☒ 表面曲线 选择表面曲线工具可在实体表面绘制曲线。单击确定两个点以绘制一条直线，单击确定多个点以绘制一条样条曲线。

（16）⌐ 圆角 选择圆角工具可在两相互不平行的线段间创建圆角。首先单击一个线条，然后单击另一线条即可在这两线条间创建圆角。另外，也可对一段相切圆弧进行修剪或延伸来创建一个圆角。圆角工具的选项面板如图5-8所示。

图5-7 样条曲线工具选项面板 　　　图5-8 圆角工具选项面板

- 倒直角模式：勾选此项可创建等边倒角而非圆弧。
- 禁用修剪：勾选此项可保留底层线条而不是将其删除。

（17）⌐ 偏移 选择偏移工具可偏移曲线、环或相切链。首先单击确定要偏移的曲线、环或相切链，然后拖动并单击以创建偏移曲线。偏移工具的选项面板如图5-9所示。

- 夹角封闭：选择此项可在偏移曲线时用夹角封闭相交的位移线。
- 弧线封闭：选择此项可在偏移曲线时用弧线封闭相交的位移线。
- 自然封闭：选择此项可在偏移曲线时自然封闭相交的位移线。

- 双向偏移：勾选此项可在偏移曲线时在所选线条的两侧创建两条偏移线。

（18） 投影到草图 选择投影到草图工具可将边、边环、相切链、顶点或注解文本投影到草图格栅上。首先选择要投影到草图的目标对象，然后单击投影到草图工具图标以完成对目标对象的投影。投影到草图工具的面板选项如图 5-10 所示。

图 5-9 偏移工具选项面板   图 5-10 投影到草图工具选项面板

- 所有体边：勾选此项可将所有体边投影到草图栅格上。
- 可见体边：勾选此项只将可见边或轮廓边投影到草图栅格上。
- 实体边框：勾选此项仅将选定体的边框或轮廓投影到草图栅格上。

（19） 创建角 选择创建角工具可在两个相互不平行的线条间创建一个角。首先单击一个线条，然后单击另一个线条，即可自动修剪或延伸来创建一个角。创建角工具的选项面板如图 5-11 所示。

仅一侧：勾选此项后在创建角时只修剪或延伸所选择的两线条中的第一条线。

（20） 剪掉 选择剪掉工具可删除线段。单击目标线段即可将其删除。

（21） 拆分曲线 选择拆分曲线工具可将一条曲线拆分成多段曲线。首先单击要拆分的曲线，然后单击用于拆分该曲线的曲线或点。

注意：用于拆分目标曲线的曲线要与目标曲线相交，用于拆分目标曲线的点要在目标曲线上。

（22） 弯曲 选择弯曲工具可单击并拖动一条直线或弧线以弯曲这条直线或更改弧线半径。

（23） 比例 选择比例工具可对目标对象进行缩放和旋转。首先按住并拖动鼠标以使用自动弹出的二维方框选择需进行缩放和旋转的对象，然后单击并拖动方框的 4 个顶点或边线中点对目标对象进行缩放或旋转。比例工具的选项面板如图 5-12 所示。

图 5-11 创建角工具选项面板   图 5-12 比例工具选项面板

- 修复纵横比：勾选此项可在调整所选对象的大小时保持各个面的比相同。
- 重定向方框：选择此项可在不影响所选几何体的情况下移动或旋转边界框。单击选择，再次单击取消选择。
- 保持草图连接性：勾选此项可在移动草图曲线时保持草图曲线之间的连接。

5.3　Geomagic Design Direct 草图建模实例

本小节以支架模型的三角网格面数据（支架.scdoc，图 5-13）为例，使用 Geomagic Design Direct 的二维截面线草图建模功能快速准确地得到支架的实体模型。由于支架模型中有圆角、圆柱形和环形通孔等规则特征，在应用其他逆向建模软件重构其实体模型时，容易出现重建的几何特征的参数值及其相互之间的约束关系误差较大的情况，如圆角及圆柱孔的半径值不准确，面面之间的约束关系错误表达等。针对这些问题，Geomagic Design Direct 可获取支架模型的二维截面线草图并在草图模式下对其进行编辑修改以得到精确的二维截面线，然后对由封闭的二维截面线形成的截面进行拉伸，快速准确地得到支架的实体模型。

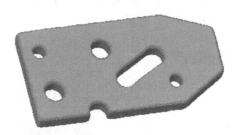

图 5-13　支架网格面

另外要说明的是，为了着重介绍 Geomagic Design Direct 基于二维截面线草图的建模功能，在模型重建前已对网格面数据进行精简、去除噪声等优化处理。

5.3.1　建立坐标系

打开网格面数据文件后，首先应建立一个坐标系并与世界坐标系对齐，以作为后续截面草图提取及拉伸操作的参考坐标系。由于坐标系的建立需要三个相互垂直的平面，所以要应用提取工具栏中的拟合平面工具从网格面模型中提取得到，最后再将世界坐标系对齐到所创建得到的坐标系。

单击提取工具栏中的拟合平面工具图标 ▢，这时拟合平面的智能选择工具向导已处于激活状态。单击网格面模型中平面区域处的三角网格面片后，软件便会自动扩大选中该区域中与所选三角网格面片具有相近曲率值的三角网格面片，并根据所有被选中的网格面片拟合得到一个平面，如图 5-14 所示。然后单击完成工具向导图标 ✓，以确认完成对当前平面的提取。

图 5-14　提取第一个平面

完成对第一个平面的提取后，按照相同的操作方法，继续提取另外两个平面，如图 5-15 所示。在提取过程中，可以通过添加法线约束，使得三个平面两两垂直。

提取得到三个平面后，单击选择工具图标 ▸ 以返回至三维模式下，再按住键盘上的 Ctrl 键并在结构面板中单击选中网格面对象和提取得到的三个平面对象，如图 5-16(a)所

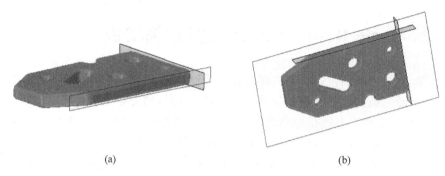

(a)   (b)

图 5-15   提取另外两个平面

(a) 提取第二个平面；(b) 提取第三个平面

示,然后单击插入工具栏中的原点工具图标 ⬐,软件便会以提取的三个相互垂直的平面为基础生成一个三维坐标系,如图 5-16(b)所示。

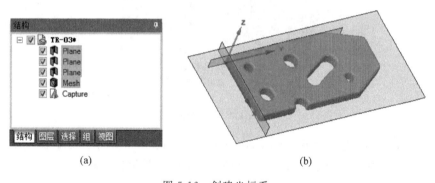

(a)   (b)

图 5-16   创建坐标系

(a) 选择目标对象以创建坐标系；(b) 根据所选对象创建坐标系

再次按住 Ctrl 键并在结构面板中选中所创建的坐标系、网格面对象和提取得到的三个平面,然后在设计窗口的空白处,右击,并在弹出的对话框中单击选择"靠齐原点",即可将原始网格面模型中的世界坐标系与所创建的坐标系对齐。

注意：创建的坐标系在结构面板中的名称是原点。

5.3.2   获取二维截面线草图

单击设计模块下的剖面模式工具图标 ⬛,然后在设计窗口中移动光标至坐标系并单击选择 XY 面作为栅格横截面以获取其与网格面的二维截面线草图,如图 5-17(a)所示。

栅格面选择完成后,单击设计窗口下方弹出的草绘微型工具栏中的移动栅格工具图标 ⬛,在弹出的高亮显示的移动坐标系上单击 Z 轴,以确定栅格的移动方向。然后按住并拖动鼠标将栅格移至恰当位置以获取完整的二维截面线草图,如图 5-17(b)所示。

将栅格面移至恰当位置后,按住并拖动鼠标将所有栅格横截面与网格面的交线包含在矩形选择框中以选中,选中的交线会高亮显示,如图 5-18(a)所示,再单击投影到草图工具图标 ⬛,这时草图模式会自动激活。然后双击编辑工具栏中的选择工具图标 ⬛,软件便自动转换到草图模式下以对已选择的二维截面线草图进行编辑修改。为便于对二维截面线草图

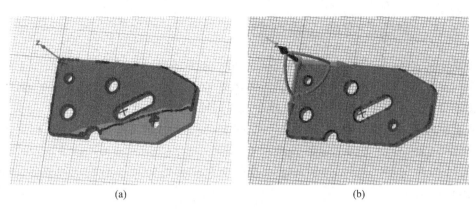

(a)   (b)

图 5-17   剖面下获取二维截面线草图

（a）选择栅格横截面；（b）移动栅格横截面

的编辑修改，可在结构面板中取消选中网格，只选中曲线文件夹，这样可以在设计窗口中只
显示获取的二维截面线，而不显示网格面，如图 5-18（b）所示。

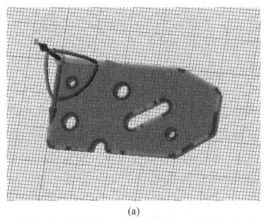

(a)

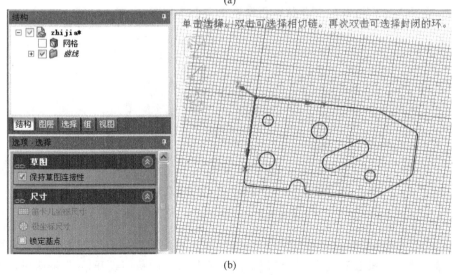

(b)

图 5-18   选择二维截面线并转换至草绘模式

（a）选择目标二维截面线；（b）选择需在设计窗口显示的对象

5.3.3　编辑二维截面线草图

在草绘模式下编辑修改二维截面线草图,可单击草绘微型工具栏中的平面图工具向导图标 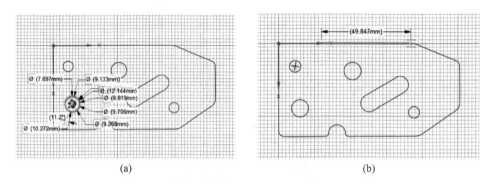,或者通过设计窗口左下侧的世界参考轴系来调整二维截面线的显示视图,以将二维截面线草图正面朝向建模操作者,这样在进行编辑修改操作时更加直观。

将光标移至设计窗口中的二维截面线草图上,可看到二维截面线草图中的圆形曲线和直线段等都是由多段小曲线段连接而成:规则圆形曲线由多段半径值不同的相切圆形曲线连接而成,如图 5-19(a)所示;长直线段由多个首尾相连的更短的直线段连接而成,如图 5-19(b)所示。

图 5-19　完整曲线中的小曲线段
(a)圆形曲线中多段相切的短圆弧;(b)长线段中的一段短线段

注意:因为草绘模式下经编辑修改的二维截面草图将在三维模式下自动形成以其为边界的二维截面,然后经正向建模工具拉伸形成实体;草图中的一段曲线最终会被拉伸形成为一个面,一个点最终会被拉伸形成为一条边。那么由这些未经编辑的封闭的二维截面线形成二维截面,然后拉伸得到的实体通常不能还原原始设计意图:一个完整的曲面被多个小曲面表达,而且几何特征的参数值由于没有圆整而不准确,如图 5-20 所示。

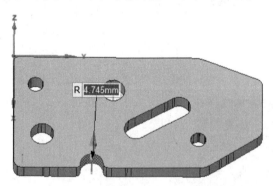

图 5-20　由未经编辑的二维截面线拉伸形成的实体

合理的操作顺序可以避免重复操作,从而可以比较快捷地完成对二维截面线草图的编辑修改,接下来对二维截面线草图的编辑修改从坐标系处的截面线开始,以顺时针的方向逐个编辑,然后再编辑草图内部的圆形及环形曲线部分。

1. 删除短线段及错误表达的线段

首先，单击选中边界截面线草图中的圆弧曲线段，并按 Delete 键或右击在弹出的对话框中选择删除选项以进行删除。然后，单击选中边界截面线草图中多段直线段(它们共同构成一条完整的长直线段)中比较短的线段。另外，还要将较短的直线段但错误表达为曲率较大的短圆弧曲线进行删除，如图 5-21(a)中高亮显示的圆弧。删除圆弧曲线段及短直线段后的二维截面线草图如图 5-21(b)所示。

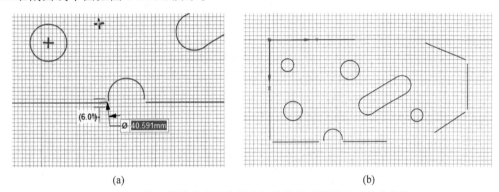

(a)   (b)

图 5-21　检查并删除边界草图中短直线段及错误表达的曲线段
(a) 错误表达的曲线段；(b) 删除短线段及错误表达的曲线段后的草图

2. 连结线段

在草图模式下连接两段分离的线段有两种方法：第一种是手动的方式，通过选中并拖动线段的一个端点来延伸线段，使两条线段相交，然后应用草图工具栏中的剪掉工具，将超出交点部分的线段删除；第二种是自动的方式，即应用草图工具栏中的创建角工具，它可通过自动延伸两条分离的线段来使已选择的两条线段相交。下面将详细介绍两种方法的具体操作。

(1) 手动方式

首先移动光标至线段的一端，当线段的端点高亮显示时，如图 5-22(a)所示——即表示可按住选中该点。再按住鼠标并拖动以延伸线段，延伸线段时设计窗口中会自动显示一条与已选择的线段重合的虚线，如图 5-22(b)所示，可在拖动光标时以该虚线为参考线，避免将线段延伸至错误方向。

两条需延伸的线段经拖动至相交后，如图 5-23(a)所示，先单击草图工具栏中的剪掉工具图标 ，然后将光标移至设计窗口中的两条线段上，此时，两条相交线段已被它们的交点分割为 4 条线段，通过单击选择高亮显示的线段即可将其删除，如图 5-23(a)所示。删除多余线段后的结果如图 5-23(b)所示。

注意：选择线段的端点时要注意不要选中整条线段，否则按住并拖动光标时会移动整条线段，而不是延伸线段。

(2) 自动方式

首先，单击草图工具栏中的创建角工具图标 ，再在设计窗口中单击选中需使其相互连接的两条线段中的第一条，如图 5-24(a)所示。然后，可将光标移动至另一条线段上，软件会自动生成选择完成第二条线段后的预览结果，如图 5-24(b)所示。单击选中另一条线段，选择完成后，这两条线即相互连接，如图 5-24(c)所示。

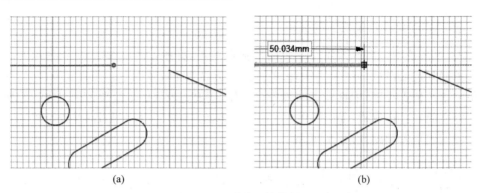

图 5-22　手动延伸线段

（a）选择线段的端点；（b）根据参考线延伸线段

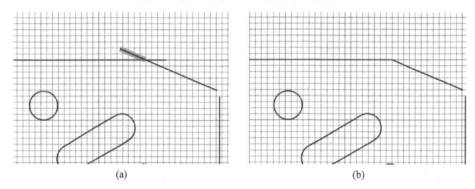

图 5-23　选择并删除多余线段

（a）选择多余的线段以删除；（b）删除线段后得到的结果

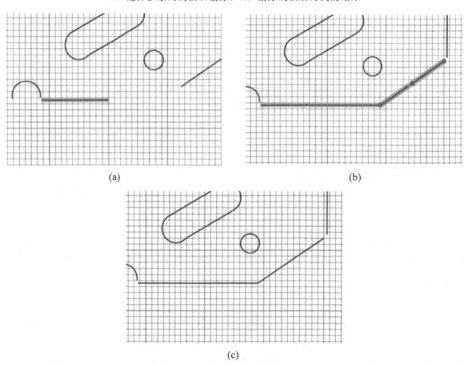

图 5-24　应用创建角工具连接线段

（a）选择第一条线段；（b）预览连接结果；（c）选择完成后的连接结果

比较上述两种方法可以发现,应用创建角工具连接线段时人机操作要更少一些,可以更便捷地连接两条不相连的线段。最终经创建角工具编辑后得到的二维截面线草图如图 5-25 所示。

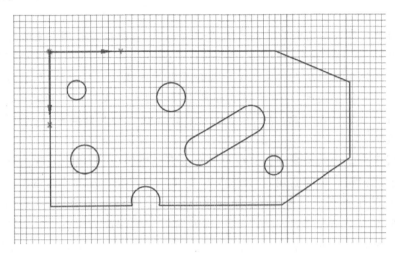

图 5-25　经连接处理后的草图

3. 编辑修改圆形及环形曲线段

由图 5-19(a)可以看到,二维截面线草图中圆形和环形曲线都是由多段圆弧曲线组成,各段圆弧的直径值都是精确到千分位的数值,接下来将应用草图工具栏中的圆工具重构圆形截面线草图并圆整其参数值。

单击圆工具图标 ⊙ ,移动光标至由多段圆弧曲线组成的"圆"内,这时软件会自动捕捉到各圆弧曲线段的圆心,如图 5-26(a)所示。移动光标选中一个圆心并单击即可确定该圆心为绘制的圆的圆心位置,再拖动鼠标以确定圆的直径值,也可以键盘上直接手动输入圆的直径值(显示在圆外部自动弹出的参数值一栏中),如图 5-26(b)所示,然后按下 Enter 键以确认。

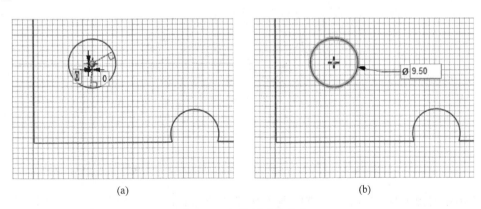

(a)　　　　　　　　　　　　　　　　　　(b)

图 5-26　重构圆形曲线段
(a) 捕捉圆心；(b) 输入直径值

　　组成完整圆的多段圆弧曲线段在重构圆后将被删除,为避免由于重构的圆与各圆弧曲线段重合度太高而导致误删,可为圆的直径值设置一个较大的数,在删除圆弧曲线段后再改回为实际值。二维截面线草图中另外三个圆形曲线的重构方法都一样,就不再一一赘述了。

　　注意:由于没有实物模型等提供的数据作为参照,二维截面线草图中各圆形曲线段与各直线边界的约束关系,圆形曲线段的参数值以及直线段的长度值等无法精确确定。建模过程中数据的参照依据是从网格面数据中拟合得到的曲线段的参数值,然后再依据建模人员的实际经验进行圆整处理,这些数值在精度上存在些许的局限性。但是,基于 Geomagic Design Direct 的即时修改功能,操作人员可以对存在误差的参数实时进行编辑修改,以将误差尽可能减小。

　　环形曲线部分是由两条半圆弧曲线段和两条直线段组成,所以应先删除环形曲线段中的各小曲线段或错误表达的曲线段,如图 5-27 中的两条高亮显示的曲线段。应用线条工具 以两条直线段的一个端点为起点来绘制辅助直线段,如图 5-28 所示,两条辅助直线段将用于后续环形曲线中半圆弧的创建。另外,以原直线段的端点为起点绘制的辅助直线段应与原直线段呈垂直的约束关系。绘制第二条直线段时,应与第一条呈平行的约束关系,绘制过程中先将光标移动至第一条直线段上再继续绘制,与正在绘制的直线段呈约束关系的直线段会高亮显示,如图 5-28 所示。

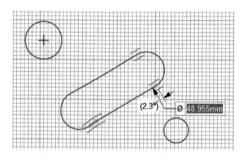

图 5-27　环形曲线中错误表达的曲线段

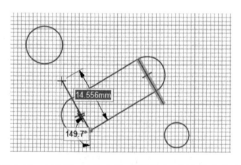

图 5-28　绘制与已存在的直线段相平行的直线段

　　应用创建角工具 ,将 4 条直线段连接成四边形,如图 5-29 所示。再应用线条工具 ,以矩形的左下角的顶点为起点绘制一条直线段,并使其与上方的直线段呈平行约束关系,如图 5-30 所示,然后应用创建角工具 将 4 条直线段连接成矩形。

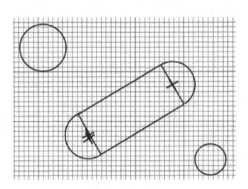

图 5-29　由 4 条直线段构成的四边形

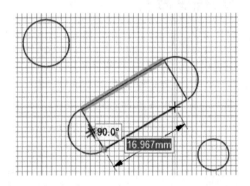

图 5-30　绘制与已存在的直线段相平行的直线段

　　应用圆工具重构半圆弧曲线段,并以矩形中两条较短的边为直径来绘制圆,绘制过程中光标在矩形短边上移动可捕捉到其中点,单击确定中点为圆的圆心再单击该矩形边的一个端点即可,如图 5-31 所示。两个圆绘制完成后,再应用剪掉工具将环形曲线部分以外的曲线段删除掉,最终得到的二维截面线草图如图 5-32 所示。

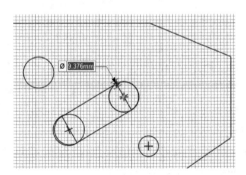

图 5-31　绘制环形曲线中的圆弧曲线段

　　注意:半圆弧曲线段的重构可通过草图工具栏中的圆工具或三点弧工具来实现,但由于环形曲线中两个半圆弧曲线与直线段是相切的,而应用三点弧工具绘制的圆弧曲线段无法保证其与直线段相切的约束关系。

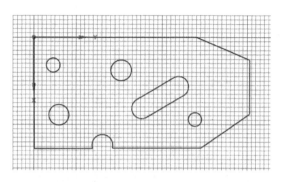

图 5-32　最终编辑完成后的二维截面线草图

5.3.4　拉伸二维截面线草图

二维截面线草图编辑完成后,单击模式工具栏中的三维模式工具图标 ,软件变回自动切换至三维模式下,并自动创建以草图模式下封闭二维截面线为边界的平面,如图 5-33(a)所示。从图 5-33(a)中可以看到,以支架轮廓线为边界的平面中还存在以圆形和环形曲线段为边界的面。由于实际模型中以圆形和环形曲线段为边界的平面所处区域是圆形和环形通孔,所以在对由二维截面线形成的二维截面进行拉伸前,应先将这些圆形和环形平面删除,删除圆形和环形平面后的二维截面如图 5-33(b)所示。

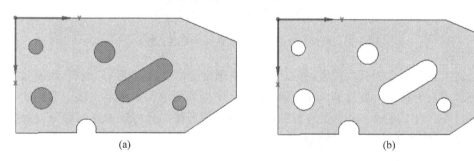

(a)　　　　　　　　　　　　　　　　(b)

图 5-33　由二维截面线形成的平面
(a) 未删除圆形与环形平面前的平面;(b) 删除圆形与环形平面后的平面

如果不将圆形和环形平面删除掉,在拉伸实体后,这些面仍然会保留在实体中,如图 5-34中的红色平面所示,其中平面用红色显示是人为调整的,为避免绿色平面的视觉效果不明显而不易被察觉。圆形和环形平面的删除,可通过单击选中,然后按"Delete"键进行删除,或选中后单击右键在弹出的对话框中选择删除选项以进行删除。

对编辑后的二维截面进行拉伸以得到实体模型前,可先在结构面板中勾选网格显示出三维的网格面模型以为拉伸操作提供参考。

单击拉动工具图标 ,再将光标移至设计窗口中平面上并单击以选中平面作为拉动操作的目标对象,如图 5-35(a)所示。然后按住并朝设计窗口的上方或下方拖动光标以垂直平面的方向向上或向下拉伸平面,拉伸后可在自动弹出的命令输入栏中手动输入拉伸的目标值以修改拉伸的距离,如图 5-35(b)所示。朝一个方向拉伸后,可再次单击原平面用同样的方法朝另一个方向拉伸。

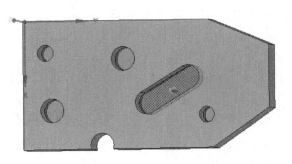

图 5-34 未删除圆形和环形平面而拉伸得到的实体模型

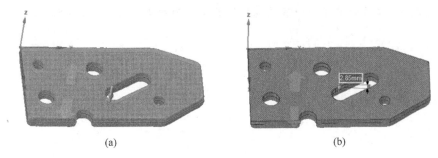

(a) (b)

图 5-35 应用拉动工具拉伸平面

(a) 选择平面以进行拉伸；(b) 命令输入栏中修改手动拉伸距离

另外，也可以在设计窗口中显示网格面为参考，按住拖动光标后，单击拉动工具下的直到工具向导图标🖐，再单击选择网格面中支架上表面的任意一个三角面片，如图 5-36 所示。软件便自动计算三角面片所在的三维空间位置，并将平面垂直拉伸至该三角面片所在的位置，拉伸后的实体模型如图 5-36(b)所示。若要朝下拉伸平面，可选择下表面的三角面片。

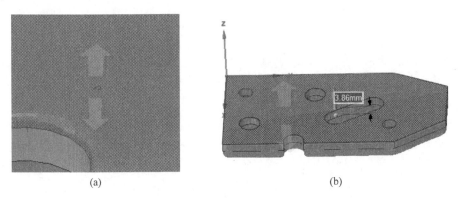

(a) (b)

图 5-36 应用直到工具向导拉伸平面

(a) 选择网格面中的三角面片；(b) 应用直到工具向导拉伸平面的结果

拉伸得到的实体模型如图 5-37 所示，对实体模型还可应用拉动工具编辑各面之间的锐利过渡，修改为圆角过渡。单击拉动工具图标✎后，在设计窗口选择需编辑修改的面面之间的交线，然后手动输入圆角值，最终编辑修改后得到的实体模型如图 5-38 所示。

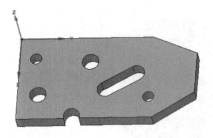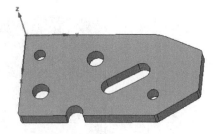

图 5-37　经拉伸平面后得到的实体模型　　　　图 5-38　经圆角编辑后的实体模型

　　注意：由于没有实物模型可供参考，对于面与面之间的过渡，在应用拉动工具进行编辑得到圆角过渡时，圆角的半径值一般是以网格面模型为参考，并进行圆整处理。

第6章

基于Geomagic Design Direct的特征提取建模

6.1　Geomagic Design Direct 特征提取建模功能概述

正逆向混合建模软件 Geomagic Design Direct 的另一功能是基于网格面模型的三维规则特征提取，这一功能是它有别于其他逆向和正向建模软件的关键特征。三维规则特征的提取，可直接提取到实体；也可提取某些规则特征（旋转体、拉伸体等）的二维截面线，在草图模式下经编辑修改后再应用正向建模工具得到实体。提取的实体特征可应用正向建模工具即时进行编辑修改，相对于其他逆向建模软件拟合得到的实体特征误差较大或无法编辑修改的情况，具有建模步骤简便、精确度更高等优势。另外，相对于其他一般正向建模软件，Geomagic Design Direct 具有建模过程中不会留下冗长的建模特征树及数据更精简等优势。

三维规则特征提取功能的原理是：自动计算网格面模型中已选择区域中网格面的曲率，然后根据曲率分布以及指定的特征类型拟合得到该区域的实体模型。三维规则特征提取功能的实现，主要是通过应用设计模块下提取工具栏中各种规则特征的提取工具命令来实现的。

在 Geomagic Design Direct 中基于三维规则特征提取建模的一般步骤比较简单：首先，将网格面划分为按形状区别开的多区域的集合，以便于选择具有不同形状的网格面；然后根据各区域不同的网格面形状选择相应的提取工具提取出实体规则特征；最后对提取到的多实体规则特征进行布尔运算、修改参数值等操作，并得到还原设计意图的实体模型。本章将以门把的网格面模型为例，介绍 Geomagic Design Direct 三维规则特征提取的详细操作步骤。

6.2　Geomagic Design Direct 三维规则特征提取工具

提取工具栏如图 6-1 所示，工具栏中各工具命令及对应的工具向导与选项面板的含义如下。

1. 区域

选择区域工具可基于不同形状把网格划分为可容易选中的区

图 6-1　提取工具栏

域。区域工具下的工具向导,下拉菜单中的工具向导及选项面板中各选项的含义如下。

1) 工具向导

选择:通过选择工具可选择设计窗口中的网格以对其进行检测。

完成:通过完成工具可在已选择的网格上运行"检测区域"并得到区域检测的结果,如图 6-2(a)所示。

显示区域:通过显示区域工具向导以显示经运行"检测区域"创建的各区域。

注意:在单击完成工具向导确认运行检测后,显示区域工具向导便自动激活,并在检测的结果中自动显示了各区域。若再次单击该工具向导,软件会取消已检测的结果,返回到网格选择操作的状态。

显示区域颜色:通过显示区域颜色工具向导以不同的随机颜色给各主区域上色。图 6-2(a)所示的结果,单击显示区域颜色工具向导图标后给各主区域上色得到的结果如图 6-2(b)所示。

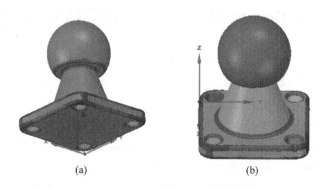

(a)　　　　　　　　　　(b)

图 6-2　区域工具处理后的网格面
(a) 运行"检测区域"后的网格面;(b) 运行"显示区域颜色"后的网格面

提示

经"检测区域"后,门把网格面总共被分成了多个区域:球面、圆锥面区域各一个,圆柱面区域 4 个,平面区域 7 个(其中包括一个立方体的 6 个面)。

2) 选项面板

区域工具下的选择面板如图 6-3 所示。

* 曲率敏感性:通过单击"—"或"+"按钮,可减小或增大区域检测时的敏感度。数值越大,区域的数目就越大。

* 连接区域宽度:通过单击"—"或"+"按钮,可减小或增大检测结果中的连接区域宽度。连接区域宽度是各主区域之间的边界线,如图 6-2 中的紫色加深显示区域。

图 6-3　区域工具选项面板

* 最小区域面积:可在最小区域面积命令一栏中手动输入数字以设置所有主区域必须超出的最小面积。

注意:选项面板中各选项的参数值一般选择默认值,通常只在检测结果不理想的情况或网格面形状复杂的情况下才调整参数值来获取不同的检测结果,并从中选择比较理想的。

2.　拟合自由

选择拟合自由工具可从已选中的区域中拟合得到自由曲面。拟合自由工具下的工具向导及选项面板（见图6-4）中各选项的含义如下。

1）工具向导

选择区域：通过选择区域工具向导来选择一个已划分的区域并自动检测拟合得到符合该区域形状分布的自由曲面。

智能选择：通过智能选择工具向导可根据单击选中的某一网格面片的曲率智能选中其四周具有类似曲率特征的、共同隶属于某一自由曲面特征的大部分网格面片。

常规选择：通过常规选择工具向导以使用状态栏中设置的默认选择工具选择区域分面。

优化选择：通过优化选择工具向导以根据创建的曲面类型（自由曲面）和对话框（即选项面板）中的设置对已选择的区域分面进行一系列的优化处理。

约束投影：通过约束投影工具向导可选择一个对象以约束拟合曲面的投影方向。

约束定向：通过约束定向工具向导可选择一个对象以约束拟合曲面的UV方向。

注意：仅当选项面板中的参数化一栏中选择了Projection（投影）选项时，约束投影和约束定向工具向导才被激活。

偏差分析：通过偏差分析工具向导可在网格上显示颜色谱以表示网格与拟合得到的自由曲面之间的偏差。

完成：通过完成工具以将自由曲面拟合到选定的区域。

2）选项面板

拟合自由工具下的选项面板如图6-4所示。

图6-4　拟合自由工具选项面板

- 制作曲面：选择此项可在已选择的区域分面中自动检测得到 NURBS(Non-Uniform Rational B-Splines,非均匀有理 B 样条)曲面。
- 制作曲线：选择此项可在已选择的区域分面中自动检测拟合 NURBS 曲面,并提取等参数 UV 混合曲线。另外,选择此项后才能激活该选项下方的 U/V 方向的等参数曲线数两个选项。
- U 方向的曲线数：可通过手动在键盘上输入 U 方向的曲线数值,也可以单击命令输入栏右侧的朝上及朝下三角形以增大或减小 U 方向的曲线数值。
- V 方向的曲线数：可通过手动在键盘上输入 U 方向的曲线数值,也可以单击命令输入栏右侧的朝上及朝下三角形以增大或减小 U 方向的曲线数值。
- 参数化：参数一栏的下拉菜单中共有 Auto(自动)、Projection(投影)、Free(自由)和 Unfold(展开),可分别在不同模式下拟合曲面。
- 精确度：通过单击"－"或"＋"按钮以减小或增大定义拟合的总体精确程度。精确度越高,拟合越紧密,而精确度越低,曲面则可能越简单/平滑。
- 放大：通过单击"－"或"＋"按钮以减小或增大拟合后曲面面积的增加值,当放大一栏中的值越大时,拟合得到的曲面面积相对越大。
- 缩小区域数据：勾选此项可在拟合前先收缩选择的区域,确保获得平滑的区域边界。如果要选择的区域已有一个平滑的边界,则不需要勾选此项。
- 引导公差：可在引导公差的命令输入栏中手动输入控制拟合曲面必须符合网格的精度,单位为：毫米(mm)。
- 控制点：通过单击"－"或"＋"按钮以减小或增大曲面的控制点数。
- 拟合前自动优化：勾选此项可在拟合曲面时自动运行"优化选择"。
- 添加连接区域：勾选此项可在运行"检测区域"后,处理选定的主区域,并加入任何缺失的连接区域。如果只选择了主区域的一部分,则需根据其连接区域所占的百分比来调整敏感度的值。
- 灵敏度：通过单击"－"或"＋"按钮以减小或增大添加连接区域时的敏感度值。
- 移除高偏差：勾选此项以分析已选择的区域,并移除与试图创建的曲面类型不符的区域。
- 填充小孔：勾选此项可在已选择的区域填充小孔,并使区域的边界变平滑。

3. ▣ 拟合平面

选择拟合平面工具可从已选择的区域中拟合得到平面。拟合平面工具下的工具向导及选项面板(见图 6-5)中各选项的含义如下。

1) 工具向导

▣选择区域：通过选择区域工具向导来选择一个区域并自动检测拟合得到该区域分面可表达的平面。

▣智能选择：通过智能选择工具向导可根据单击选中的某一网格面片的曲率智能选中其四周具有类似曲率特征的、共同隶属于某一平面特征的大部分网格面片。

▣常规选择：通过常规选择工具向导以使用状态栏中设置的默认选择工具选择区域分面。

优化选择：通过优化选择工具向导以根据创建的曲面类型（平面）和对话框（即选项面板）中的设置对已选择的区域分面进行一系列的优化处理。

约束定向：通过约束定向工具向导可选择一个对象以约束平面的法线方向。若选择一个坐标轴为约束对象，则拟合得到的平面将垂直该坐标轴。

偏差分析：通过偏差分析工具向导可在网格上显示颜色谱以表示网格与拟合得到的平面之间的偏差。

完成：通过完成工具以将平面拟合到选定的区域。

2）选项面板

拟合平面工具选项面板如图 6-5 所示。

- 放大：通过单击"－"或"＋"按钮以减小或增大拟合得到的平面需增加的大小。
- 对齐到全局坐标系：勾选此项以在拟合接近全局坐标系时，将拟合的平面约束到全局坐标系。
- 对齐角：可在对齐角命令输入栏中输入一个数值，并以该数值限定了拟合的平面对齐到全局坐标系时需要与其接近的程度。

另外，优化选择一栏中各选项的含义和功能与拟合自由工具的选项面板中对应选项的一样，这里不再重复介绍了。

图 6-5　拟合平面工具选项面板

4.　拟合圆柱面

选择拟合圆柱面工具可从已选择的区域中拟合得到圆柱体。拟合圆柱面工具下的工具向导及选项面板（见图 6-6）中各选项的含义如下。

1）工具向导

选择区域：通过选择区域工具向导来选择一个区域并自动检测拟合得到该区域分面可表达的圆柱体。

智能选择：通过智能选择工具向导可根据单击选中的某一网格面片的曲率智能选中其四周具有类似曲率特征的、共同隶属于某一圆柱面特征的大部分网格面片。

常规选择：通过常规选择工具向导以使用状态栏中设置得默认选择工具选择区域分面。

优化选择：通过优化选择工具向导以根据创建的曲面类型（圆柱体）和对话框（即选项面板）中的设置对已选择的区域分面进行一系列的优化处理。

约束位置：通过约束位置工具向导可选择一个对象以约束圆柱体的位置。若选择一个坐标轴为约束对象，则拟合得到的圆柱体的轴线将与该坐标轴重合。

约束定向：通过约束定向工具向导可选择一个对象以约束圆柱体的轴线方向。若选择一个坐标轴为约束对象，则拟合得到的圆柱体的轴线将平行该坐标轴。

偏差分析：通过偏差分析工具向导可在网格上显示颜色谱以表示网格与拟合得到的圆柱面之间的偏差。

✔完成：通过完成工具以将圆柱体拟合到选定的区域。

2）选项面板

图 6-6　拟合圆柱面工具选项面板

拟合圆柱面工具选项面板如图 6-6 所示。

- 放大：通过单击"－"或"＋"按钮以减小或增大拟合得到的圆柱面需增加的大小。
- 对齐到全局坐标系：勾选此项以在拟合接近全局坐标系时，将拟合的圆柱面约束到全局坐标系。
- 对齐角：可在对齐角命令输入栏中输入一个数值，并以该数值限定了拟合的圆柱面对齐到全局坐标系时需要与其接近的程度。

另外，优化选择一栏中各选项的含义和功能与拟合自由工具的选项面板中对应选项的一样，这里不再重复介绍了。

5. 🖌拟合圆锥面

选择拟合圆锥面工具可从已选择的区域中拟合得到圆锥面。拟合圆锥面工具下的工具向导及选项面板（见图 6-7）中各选项的含义如下。

1）工具向导

🖈选择区域：通过选择区域工具向导来选择一个区域并自动检测拟合得到该区域分面可表达的圆锥体。

🖈智能选择：通过智能选择工具向导可根据单击选中的某一网格面片的曲率智能选中其四周具有类似曲率特征的、共同隶属于某一圆锥面特征的大部分网格面片。

🖈常规选择：通过常规选择工具向导以使用状态栏中设置得默认选择工具选择区域分面。

🖈优化选择：通过优化选择工具向导以根据创建的曲面类型（圆锥体）和对话框（即选项面板）中的设置对已选择的区域分面进行一系列的优化处理。

🖈约束定向：通过约束定向工具向导可选择一个对象以约束圆锥体的轴线方向。若选择一个坐标轴为约束对象，则拟合得到的圆锥体的轴线将平行该坐标轴。

🖈偏差分析：通过偏差分析工具向导可在网格上显示颜色谱以表示网格与拟合得到的圆锥面之间的偏差。

✔完成：通过完成工具以将圆锥体拟合到选定的区域。

2）选项面板

拟合圆锥面工具选项面板如图 6-7 所示。

- 放大：通过单击"－"或"＋"按钮以减小或增大拟合得到的圆锥面需增加的大小。
- 对齐到全局坐标系：勾选此项以在拟合接近全局坐标系时，将拟合的圆锥面约束到全局坐标系。
- 对齐角：可在对齐角命令输入栏中输入一个数值，

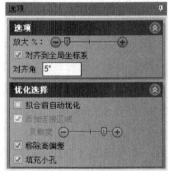

图 6-7　拟合圆锥面工具选项面板

并以该数值为拟合的圆锥面对齐到全局坐标系之前需要与其接近的程度。

另外,优化选择一栏中各选项的含义和功能与拟合自由工具的选项面板中对应选项的一样,这里不再重复介绍了。

6. ⊙ 拟合球面

选择拟合球面工具可从已选择的区域中拟合得到球面。拟合球面工具下的工具向导及选项面板(见图6-8)中各选项的含义如下。

1)工具向导

🔲选择区域:通过选择区域工具向导来选择一个区域并自动检测拟合得到该区域分面可表达的球体。

🔲智能选择:通过智能选择工具向导可根据单击选中的某一网格面片的曲率智能选中其四周具有类似曲率特征的、共同隶属于某一球面特征的大部分网格面片。

🔲常规选择:通过常规选择工具向导以使用状态栏中设置得默认选择工具选择区域分面。

🔲优化选择:通过优化选择工具向导以根据创建的曲面类型(球体)和对话框(即选项面板)中的设置对已选择的区域分面进行一系列的优化处理。

🔲偏差分析:通过偏差分析工具向导可在网格上显示颜色谱以表示网格与拟合得到的球面之间的偏差。

☑完成:通过完成工具以将球体拟合到选定的区域。

2)选项面板

拟合球面工具的选项面板只有优化选择一栏(见图6-8),而且其中各选项的含义和功能与拟合自由工具的选项面板中对应选项的一样,这里不再重复介绍了。

图6-8　拟合球面工具选项面板

7. ◈ 拟合挤压

选择拟合挤压工具可从已选择的区域中拟合得到拉伸或挤压实体。拟合挤压工具下的工具向导及选项面板(见图6-9)中各选项的含义如下。

1)工具向导

🔲选择区域:通过选择区域工具向导来选择一个区域并自动检测拟合得到该区域分面可表达的拉伸体。

🔲智能选择:通过智能选择工具向导可根据单击选中的某一网格面片的曲率智能选中其四周具有类似曲率特征的、共同隶属于某一拉伸体特征的大部分网格面片。

🔲常规选择:通过常规选择工具向导以使用状态栏中设置得默认选择工具选择区域分面。

🔲优化选择:通过优化选择工具向导以根据创建的几何特征类型(拉伸体)和对话框(即选项面板)中的设置对已选择的区域分面进行一系列的优化处理。

🔲扩大选择:通过扩大选择工具向导可扩大选择的区域,即在当前已选择的区域的基础上,扩大与该区域匹配的所有分面。

　　　草图平面:通过草图平面工具可选择一个对象以定义草图平面,选择的对象可以是三角网格面。单击选择三角网格面后,软件自动将草图平面定义到已选择的三角网格面所在的平面。

　　　约束定向:通过约束定向工具向导可选择一个对象以约束拉伸体的法线方向。若选择一个坐标轴为约束对象,则拟合得到的拉伸体的法线将平行该坐标轴。

　　　偏差分析:通过偏差分析工具向导可在网格上显示颜色谱以表示网格与拟合得到的拉伸实体之间的偏差。

　　　完成:通过完成工具以将拉伸体拟合到选定的区域。

2)选项面板

拟合挤压工具选项面板如图 6-9 所示。

图 6-9　拟合挤压工具选项面板

- 制作实体:勾选此项可在所选择的区域中运行检测以创建实体,若无法生成良好的实体,则可创建曲面或者草图。
- 制作曲线:勾选此项可基于所选择的区域创建草图。勾选此项后,可激活下方的创建轮廓点选项。
- 创建轮廓点:勾选此项可在"制作曲线"时创建用于引导草图的轮廓点对象。
- 拔模伸展:勾选此项可将拟合得到的拉伸实体与拔模斜度拟合以得到有一定拔模斜度的拉伸实体。
- 作为直线/弧线拟合:勾选此项可在"制作曲线"时以直线和弧线的方式创建草图。
- 移除圆角:勾选此项可在"制作曲线"时移除线段之间的圆角并创建锐角。
- 作为样条拟合:勾选此项可在"制作曲线时"以样条曲线的方式创建草图。
- 公差:通过单击"+"或"-"按钮以增大或减小拟合得到的样条曲线的公差水平。

- 对齐横线/纵线：勾选此项可在直线和轴线的夹角在 5°以内的情况下，将直线段与世界坐标系对齐。
- 闭合曲线：勾选此项可在拟合得到的曲线构成比较完整时生成封闭的曲线草图。
- 放大：通过单击"＋"或"－"按钮以增大或减小在两端延长曲线创建更大的草图或实体的比例。

另外，优化选择一栏中各选项的含义和功能与拟合自由工具的选项面板中对应选项的一样，这里不再重复介绍了。

8. ▨ 拟回旋转

选择拟回旋转工具可从已选择的区域中拟合得到旋转体。拟回旋转工具下的工具向导及选项面板（见图 6-10）中各选项的含义如下。

1）工具向导

▨ 选择区域：通过选择区域工具向导来选择一个区域并自动检测拟合得到该区域分面可表达的旋转体。

▨ 智能选择：通过智能选择工具向导可根据单击选中的某一网格面片的曲率智能选中其四周具有类似曲率特征的、共同隶属于某一旋转面特征的大部分网格面片。

▨ 常规选择：通过常规选择工具向导以使用状态栏中设置得默认选择工具选择区域分面。

▨ 优化选择：通过优化选择工具向导以根据创建的几何特征类型（旋转体）和对话框（即选项面板）中的设置对已选择的区域分面进行一系列的优化处理。

▨ 扩大选择：通过扩大选择工具向导可扩大选择的区域，即在当前已选择的区域的基础上，扩大与该区域匹配的所有分面。

▨ 约束位置：通过约束位置工具向导可选择一个对象以约束旋转体的位置。若选择一个坐标轴为约束对象，则拟合得到的旋转体的旋转轴将与该坐标轴重合。

▨ 约束定向：通过约束定向工具向导可选择一个对象以约束旋转体的旋转轴的方向。若选择一个坐标轴为约束对象，则拟合得到的旋转体的旋转轴将平行该坐标轴。

▨ 偏差分析：通过偏差分析工具向导可在网格上显示颜色谱以表示网格与拟合得到的旋转实体之间的偏差。

▨ 完成：通过完成工具以将旋转体拟合到选定的区域。

2）选项面板

对拟回旋转工具的选项面板（见图 6-10）与拟合挤压工具的选项面板进行比较，可以发现拟回旋转工具的选项面板中各选项与挤压工具的选项面板都相同，只是少了拔模伸展一项内容。其他各选项的含义和功能与拟合挤压工具的选项面板中对应选项的一样，这里就不再重复介绍了。

9. ▨ 拟合扫掠

选择拟合扫掠工具可从已选择的区域中拟合得到扫掠曲面。拟合扫掠工具下的工具向导及选项面板（见图 6-11）中各选项的含义如下。

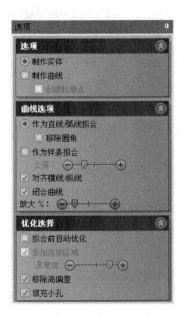

图 6-10　拟回旋转工具选项面板

1）工具向导

选择区域：通过选择区域工具向导来选择一个区域并自动检测拟合得到该区域分面可表达的扫掠体（面）。

智能选择：通过智能选择工具向导可根据单击选中的某一网格面片的曲率智能选中其四周具有类似曲率特征的、共同隶属于某一扫掠面特征的大部分网格面片。

常规选择：通过常规选择工具向导以使用状态栏中设置的默认选择工具选择区域分面。

优化选择：通过优化选择工具向导以根据创建的曲面类型（扫掠体或扫掠面）和对话框（即选项面板）中的设置对已选择的区域分面进行一系列的优化处理。

偏差分析：通过偏差分析工具向导可在网格上显示颜色谱以表示网格与拟合得到的扫掠面之间的偏差。

完成：通过完成工具以将扫掠体（面）拟合到选定的区域。

2）选项面板

拟合扫掠工具的选项面板（见图 6-11）中的各选项除了平滑度之外，其他选项的含义与其他工具的选项面板中选项的含义及功能是相同的。这里就只介绍平滑度一项的含义及功能，其他选项的含义及功能在前文都有介绍，不再重复介绍了。

平滑度：通过单击"＋"或"－"按钮以影响拟合得到的扫掠面的效果。平滑度的值较大时，扫掠面的样条曲线比较平滑，但可能与网格存在较大的偏差；平滑度的值比较小时，扫掠面的精度较高，但如果网格中包含有噪声数据，则可能造成扫掠面包含杂乱的样条曲线。

注意：以上各工具向导下的选择区域工具向导需通过区域工具运行"检测区域"后才可激活。

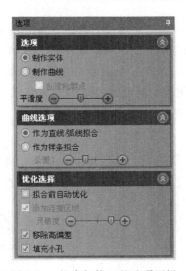

图 6-11　拟合扫掠工具选项面板

6.3　Geomagic Design Direct 三维规则特征提取建模实例

本小节以门把的网格面数据（见图 6-12）为例，使用 Geomagic Design Direct 的三维规则特征提取建模功能快速准确地得到门把的实体模型。由于门把模型中有球体、圆锥体和圆柱形通孔等规则特征，在应用其他一般逆向建模软件重构其实体模型时，容易出现重建的几何特征的参数值及各特征相互之间的约束关系的误差较大的情况，如 4 个圆柱孔大小不一，球体与圆锥体的轴线不重合等。针对这些问题，Geomagic Design Direct 可基于网格面提取三维规则特征，并应用正向建模工具对三维规则特征的参数值及其相互之间的约束关系进行编辑修改，以快速准确地得到门把的实体模型。

另外，要说明的是，为了着重介绍 Geomagic Design Direct 基于三维规则特征提取的建模功能，在模型重建前已对网格面数据进行精简、降噪等优化处理，并在模型上建立了新的坐标系以便快速准确地重构实体模型。

图 6-12　门把网格面

6.3.1　提取三维规则特征

打开门把的网格面模型数据"门把.scdoc"，单击设计模块下提取工具栏中的区域工具图标 ，门把网格面模型经"检测区域"后的结果如图 6-2(a)所示。在选择网格面区域以提取三维规则特征前应先规划好提取的顺序，以免在比较复杂的网格面中提取特征时，无序的操作造成特征遗漏等情况。接下来的建模过程中，三维规则特征的提取顺序是自上而下的。

1．提取球体

单击拟合球面工具图标 ，并在设计窗口的左上角的拟合球面工具向导中单击确认需使用的网格面选择工具。单击选择区域工具向导图标 ，并在网格面中单击已选择区域后的效果如图 6-13 所示,软件会自动选中单击选择的区域中所有网格分面。

　　单击智能选择工具向导图标,并在网格面中选择区域后的效果如图 6-14 所示,该区域中还有少部分网格分面未被选中。若要选中已选择的区域中所有的网格分面,可在单击选择区域后,按住鼠标左键以使光标朝设计窗口的上方移动,软件会识别该操作意图,并扩大选择以尽量多的选中该区域中未被选择的网格分面。

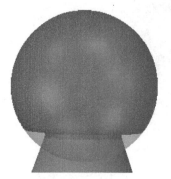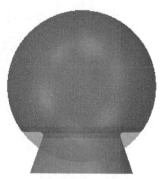

图 6-13　使用选择区域工具向导的选择结果　　　图 6-14　使用智能选择工具向导的选择结果

　　单击常规选择工具向导图标,并在网格面中选择区域后的效果如图 6-15 所示,一次选择只能选中区域中的部分网格分面。若要选中已选择的区域中所有的网格分面,可在单击选择区域后,按住 Shift 键的同时,按住鼠标左键以移动光标选择目标网格分面。在进行选择操作时,若默认的矩形选择工具选择网格分面不方便,可在编辑工具栏中选择工具的下拉菜单中选择其他类型的选择工具。

　　在对门把的网格面模型执行区域划分操作,且区域划分结果符合按几何形状进行分割的前提下,比较使用三种网格面选择工具向导的操作过程及选择的结果,可发现应用选择区域工具向导提取球体(Sphere)特征时,能通过最少的操作步骤得到较好的结果。所以,在下文中介绍对各实体特征进行提取操作时,都应用选择区域工具向导。

　　另外,使用智能选择工具向导和常规选择工具向导选择网格面后,还可单击优化选择工具向导图标,以扩大选择已选择的网格面中未被选中的网格分面。选择完成后,可先预览拟合得到的球体(图 6-13、图 6-14 与图 6-15 中的透明部分),然后单击完成工具向导图标以确认对球体特征的提取,得到的球体特征如图 6-16 所示。

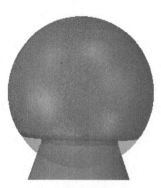

图 6-15　使用常规选择工具向导的选择结果　　　图 6-16　提取的球体特征

注意：单击完成工具向导图标以确认对特征的提取后，软件仍然处在拟合球工具的操作界面下，若要提取其他类型的几何特征，需单击相应的提取工具图标。为便于选中网格面，可在球体特征提取完成后，在结构面中取消勾选提取到的球体特征，使其不在设计窗口中显示。

2. 提取平面

单击拟合平面工具图标▢，再单击选择区域工具图标▤，然后在设计窗口中单击以选择分割球体网格面与圆锥体网格面的平面网格面（见图6-17(a)）。选择平面网格面后，需选定一个对象约束平面的法线方向。单击约束定向工具向导图标◈，再移动光标至Z轴上并单击以选择Z轴作为约束对象，如图6-17(b)所示，即可使得平面的法线与Z轴平行。最后单击完成工具图标☑以确认对平面特征的提取，拟合得到的平面如图6-17(c)所示，并在结构面板中取消勾选平面(Plane)以便于下一步的特征提取操作。

图6-17　提取平面特征
(a) 选择平面网格面；(b) 选择坐标轴约束平面；(c) 拟合的平面特征

3. 提取圆锥体

单击拟合圆锥面工具图标△，再单击选择区域工具图标▤，然后在设计窗口中单击选择圆锥体网格面，如图6-18(a)所示。选择圆锥体网格面后，需选定一个对象约束圆锥体的轴线方向。单击约束定向工具向导图标◈，再移动光标至Z轴上并单击以选择Z轴作为约束对象，即可使得圆锥体的轴线与Z轴平行。最后单击完成工具图标☑以确认对圆锥体特征的提取。拟合得到的圆锥体如图6-18(b)所示，并在结构面板中取消勾选圆锥体(Cone)以便于下一步的特征提取操作。

4. 提取立方体

单击拟合挤压工具图标◈，再单击选择区域工具图标▤，然后在设计窗口中单击以选择立方体网格面。由于该立方体是拉伸体，只需选中侧面的4个平面网格面即可拟合得到该立方体。如果不能拟合得到实体，需按住Shift键，将各平面网格面之间的连接网格面一起选中，如图6-19(a)所示。选择完网格面后，需选定一个对象约束立方体横截面的法线方向。单击约束定向工具向导图标◈，再移动光标至Z轴上并单击以选择Z轴作为约束对

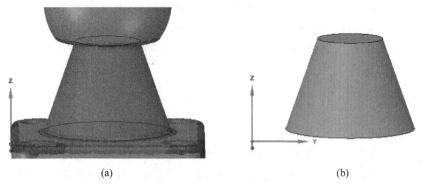

(a)   (b)

图 6-18   提取圆锥体特征

（a）选择圆锥体网格面；（b）拟合的圆锥体特征

象，即可使得立方体横截面的法线与 Z 轴平行。最后单击完成工具图标☑以确认对立方体特征的提取。拟合得到的立方体如图 6-19(b)所示立方体上的 4 个较大的圆角特征被自动识别并提取出来。最后在结构面板中取消勾选立方体(Extruded)以便于下一步的特征提取操作。

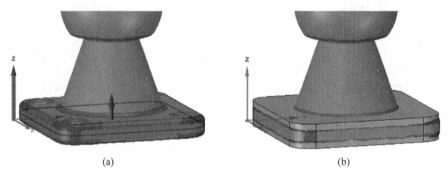

(a)   (b)

图 6-19   提取立方体特征

（a）选择立方体网格面；（b）拟合的立方体特征

5. 提取圆柱体

单击拟合圆柱面工具图标📦，再单击选择区域工具图标📦，然后在设计窗口中单击以选择圆柱面网格面，如图 6-20(a)所示。选择完网格面后，需选定一个对象约束圆柱体的轴线方向。单击约束定向工具向导图标📦，再移动光标至 Z 轴上并单击以选择 Z 轴作为约束对象，即可使拟合得到的圆柱体的轴线与 Z 轴平行。最后单击完成工具图标☑以确认对圆柱体特征的提取。在逐一选择其他三个圆柱面网格区域分别进行提取后，拟合得到的 4 个圆柱体如图 6-20(b)所示，并在结构面板中取消勾选圆柱体(Cylinder)以便于下一步的特征提取操作。

注意：拟合三维规则特征时，选项面板中的选项都是默认的参数值，一般只在拟合得到的特征效果不佳的情况下才会通过修改参数值以获取较好的效果。

在结构面板中，取消勾选网格并勾选所有已提取的三维规则特征，如图 6-21 所示。接下来将介绍应用正向建模工具对已提取的三维规则特征进行编辑修改的详细操作步骤。

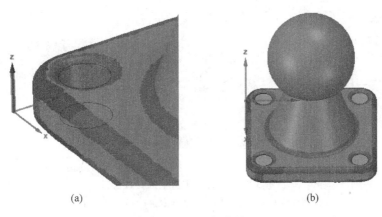

(a)　　　　　　　　　　　(b)

图 6-20　提取圆柱体特征

（a）选择圆柱面网格面；（b）拟合的圆柱体特征

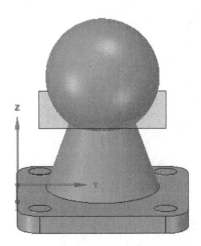

图 6-21　提取的所有三维规则特征

6.3.2　编辑三维规则特征

1. 对三维规则特征的参数值进行圆整处理

分别单击三维规则特征的表面（圆柱面，球面及立方体中的圆角面），发现特征的参数值保留到了千分位，如图 6-22 所示。在各特征的参数值命令输入栏中手动输入圆整的参数值——圆柱体的半径值圆整为 10、球体的半径值圆整为 50、圆角的半径值圆整为 20，并按Enter 键确认。

注意：当对目标特征的参数值进行编辑修改时，若有其他特征与目标特征存在公共区域，但并未经布尔加操作将两者合并在一起时，如图 6-23(a)中的球体与圆锥体，应在结构面板中取消勾选圆锥体特征，以免对目标特征的参数修改完成后，软件将两者自动合并在一起，如图 6-23(b)所示。

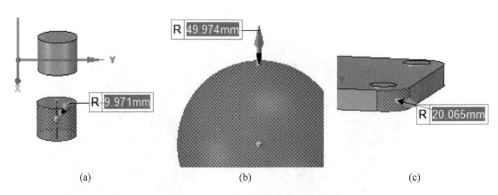

图 6-22　三维规则特征的参数值

(a) 圆柱体的半径值；(b) 球体的半径值；(c) 圆角的半径值

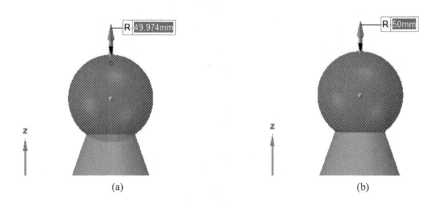

图 6-23　修改特征参数时的误操作

(a) 修改球体半径值前；(b) 修改球体半径值后

2. 对三维规则特征的参数值进行拉伸处理

　　在结构面板中只勾选拉伸立方体、圆锥体与网格，以在设计窗口显示这几个对象。通过单击立方体的上表面边界线、圆锥体的上下表面边界线，如图 6-24 高亮显示的边界线，对比拉伸立方体及圆锥体与网格面之间的差距，可以发现拟合得到的拉伸立方体与圆锥体的高度并没有高度还原，还需进行拉伸操作以对其高度进行还原。

　　单击编辑工具栏中拉动工具图标 ，再将光标移至立方体的上表面并单击确认选择该表面。然后单击直到工具向导图标，并在网格面中立方体网格面的上表面中单击选择一个三角面片，软件便自动将拟合

图 6-24　立方体及圆锥体的高度

得到的立方体的上表面拉伸至三角面片所在平面的位置，如图 6-25 所示。

　　将光标移至立方体的下表面并单击以选中立方体的该表面，再单击直到工具向导图标，并在网格面中立方体网格面的下表面中单击选择一个三角面片，软件便自动将拟合得到的立方体的下表面拉伸至三角面片所在平面的位置。经拉伸编辑后的立方体如图 6-26 所示。

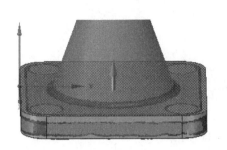

图 6-25　对立方体的上表面进行拉伸后的结果

图 6-26　经拉伸编辑后的立方体

从门把的网格面可看到，门把模型中的圆锥体与立方体和球体是连接在一起的，即需通过布尔加操作将拟合得到的圆锥体与立方体及球体组合在一起。布尔加操作时，实体之间公共部分的大小不影响布尔加操作后的实际结果。所以，对圆锥体进行拉伸操作时，可将圆锥体的高度稍微增大一些，以免拉伸的高度太小，圆锥体与立方体或球体不存在公共部分，导致无法对圆锥体、立方体及球体进行布尔加操作。

移动光标至圆锥体的上表面并单击以确认选择该表面，表面上出现的垂直它的黄色箭头，表示进行拉伸操作时，圆锥体将被拉伸的方向。然后按住鼠标左键并按黄色箭头的方向移动光标，即可以垂直圆锥体上表面的方向对圆锥体进行拉伸，在命令输入栏中会显示拉伸的高度，如图 6-27 所示，也可手动输入需拉伸的高度。对圆锥体下表面进行拉伸的方法一样，最后经拉伸编辑后的圆锥体如图 6-28 所示。

图 6-27　拉伸圆锥体上表面

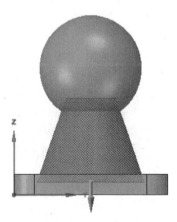

图 6-28　经拉伸编辑后的圆锥体

由于圆柱体与立方体要经布尔减操作以得到门把上的圆柱形通孔，而在进行布尔减操作时，圆柱体作为刀具，其高度要比立方体大，即圆柱体的上及下表面均要在立方体的上方及下方。但从图 6-29 中可以看到（立方体中的矩形阴影部分为圆柱体的正视图），经拉伸编辑后的立方体高度有所增加，圆柱体被包含在立方体内，不便于选择以进行布尔减操作。所以，也需对圆柱体进行拉伸编辑，编辑方法与对圆锥体进行拉伸的方法一样，选中上或下表面，按住鼠标左键并移动光标即可。另外，拉伸的高度不影响布尔减操作后的实际效果，只需确保经拉伸编辑后，圆柱体的上下表面均要在立方体的上方及下方，如图 6-29(b)所示。

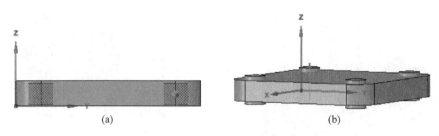

图 6-29　对圆柱体进行拉伸编辑

（a）拉伸编辑前的圆柱体；（b）拉伸编辑后的圆柱体

6.3.3　三维规则特征间的布尔操作

1. 球体与平面之间的布尔减操作

在结构面板中只勾选平面和球体特征，以便在设计窗口对二者进行编辑时，避免其他特征对布尔操作造成干扰。单击组合工具图标 ![图标]，这时选择目标工具向导已激活，在设计窗口单击球体以选中作为目标对象。单击选择刀具工具向导图标 ![图标]（默认情况下，选择完目标对象后即自动激活选择工具向导），并单击平面以选择平面作为刀具。选择平面作为刀具后，软件自动以平面为界，将球体分割为两部分。移动光标至平面下方的部分球体上，该部分球体红色高亮显示，如图 6-30（a）所示，单击以确认将该部分球体删除。删除部分球体后，单击编辑工具栏中的选择工具图标，以结束对球体的布尔减操作，最后得到的球体如图 6-30（b）所示。

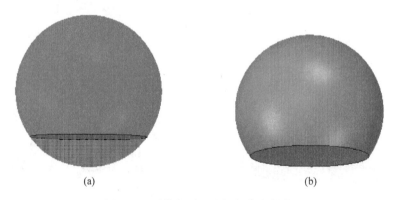

图 6-30　球体与平面之间的布尔操作

（a）选择平面下方的部分球体；（b）布尔减操作后的球体

2. 立方体与圆锥体之间的布尔减操作

在结构面板中只勾选立方体和 4 个圆柱体，以便在设计窗口对它们进行编辑时，避免其他特征对布尔操作造成干扰。单击组合工具图标 ![图标]，这时选择目标工具向导已激活，在设计窗口单击立方体以选中作为目标对象。单击选择刀具工具向导图标 ![图标]，再单击圆柱体以选择圆柱体作为刀具。选择圆柱体作为刀具后，软件将自动删除掉圆柱体与立方体的公共部分以外的圆柱体，并将立方体分割为两部分：圆柱体与立方体的公共实体部分，不包含与圆柱体的公共实体部分的另一部分实体,如图 6-31(a)所示。将光标移至圆柱体与立方体的公共实体部分,如图 6-31(a)中的红色阴影区域,并单击以将该部分实体删除,得到通孔特征,如图 6-31(b)所示。

构造完成一个通孔后,选择刀具仍处于激活状态,可继续分别选择其他 3 个圆柱体作为刀具,并删除它们与立方体之间的公共实体部分以构造通孔特征。对 4 个圆柱体及立方体进行布尔操作后的结果如图 6-32 所示。

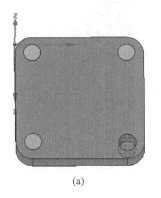
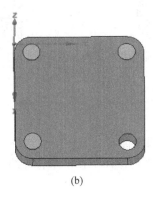

(a)　　　　　　　　　　　　(b)

图 6-31　构造通孔特征　　　　　　　　　　图 6-32　布尔减操作后的立方体

(a) 选择圆柱体与立方的公共部分;(b) 删除圆柱体与立方体的公共部分

提示

在应用组合工具进行布尔减操作后,作为刀具的特征会自动删除掉,结构面板与设计窗口中均不存在这些"刀具"(如前文中的平面与圆柱体)了。

3. 编辑后的实体之间的布尔加操作

经布尔减操作后只有 3 个实体特征——拉伸编辑后的圆锥体和布尔减操作后的立方体及球体,如图 6-33 所示。

单击组合工具图标 ⬚ ,这时选择目标工具向导已激活,在设计窗口中选择要进行合并的目标对象。应用组合工具对实体进行布尔加操作时,与布尔减操作不同(目标对象和刀具对象的选择顺序有先后之分),可在 3 个实体特征中任意选择一个(这里的操作是先选择圆锥体)。单击选择要合并的实体工具向导图标 ⬚ ,然后在设计窗口中单击选择要与圆锥体合并的实体,选择布尔减操作后的立方体与球体中的任意选择一个均可。在此先选择球体,选择完成后,自动合并得到的实体结果如图 6-34所示。

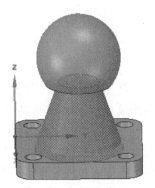

图 6-33　合并前的实体

合并球体与圆锥体后,若未在设计窗口中空白处单击以确认完成布尔加操作,那么选择要合并的实体工具向导仍处激活状态。这时可单击以选择立方体作为要与之前合并得到实体进行合并的对象,选择完成后,自动合并得到的实体结果如图 6-35 所示。

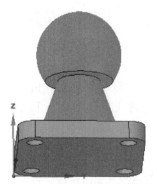

图 6-34　合并后的球体与圆锥体

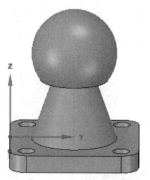

图 6-35　合并后的实体

6.3.4　创建细节特征

从门把的网格面可以看到：圆锥体与立方体的交线处、立方体的上下表面边线处、立方体上通孔与立方体的相交处都是圆角特征。接下来将介绍应用拉动工具还原这些圆角特征的详细操作步骤。

单击拉动工具图标，移动光标至圆锥体与立方体的交线上并单击以选中交线，然后在键盘上输入 5，软件便自动对圆锥体与球体及立方体的交线处进行圆角处理，圆角的半径值是输入的数值：5，单位为毫米。按 Enter 键确认后，得到的圆角如图 6-36 所示。因为还要再选择其他特征进行圆角编辑，这时不需要单击选择工具图标 以返回至三维模式。

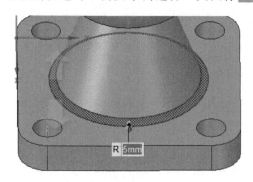

图 6-36　经圆角处理后的圆锥体与立方体的交线

将光标移至立方体上表面的边线上（只显示边线中的一段，如图 6-37（a）中高亮显示的曲线段）并双击以选中边线中的所有曲线段，如图 6-37（b）中高亮显示的边线。

然后在键盘上输入 5，软件便自动对立方体上表面的边线处进行圆角处理，圆角的半径值是输入的数值：5，单位为毫米。按 Enter 键确认后，得到的圆角如图 6-38 所示。对立方体下表面的边线处进行圆角编辑的方法一样，不再重复介绍。

单击以选中圆柱形通孔与立方体的交线，然后在键盘上输入 3，软件便自动对圆柱形通孔与立方体的交线处进行圆角处理，圆角的半径值是输入的数值：3，单位为毫米。按 Enter 键确认后，得到的圆角如图 6-39 所示。

上表面上的另外三段交线处和下表面上的四段交线处的圆角编辑方法及圆角的参数值与上文提到的一样，不再重复介绍了。创建完圆角特征后的实体模型如图 6-40 所示。

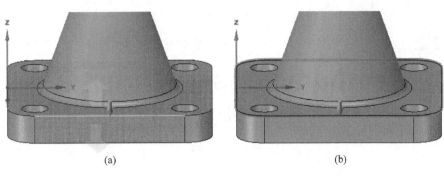

图 6-37　选择立方体上表面的边线以进行圆角编辑

（a）移动光标至边线上；（b）选中立方体上表面的边线

图 6-38　经圆角处理后的上表面边线

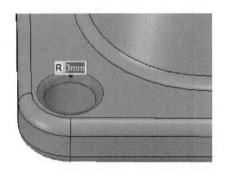

图 6-39　经圆角处理后的圆柱形通孔与立方体的交线

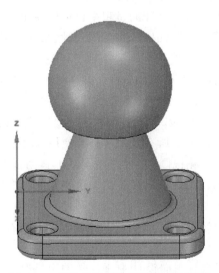

图 6-40　创建完圆角特征后的实体模型

第7章

Geomagic Design Direct细节设计阶段处理

7.1 细节设计阶段的功能介绍

利用 Geomagic Design Direct 工具栏上的"详细"标签中的细节设计工具,可以为设计添加细节,以便与其他人沟通或者提交设计时便于审核检查。在细节设计阶段,可以为设计添加注释、创建图纸以及查看设计更改,还可以自定义细节设计选项来遵循标准或创建自定义样式。

该处理阶段的主要功能为:

(1) 从定向工具栏组选择一个工具以在工作区中对当前的设计进行视角调整。这些工具在使用其他二维或三维工具进行设计的过程中也可以使用。

(2) 可以为设计、图纸和三维标记添加注释、尺寸、形位公差、表面光洁度符号、基准符号、中心标记、中心线和螺纹等。当创建与设计对象相关的注释时,注释与对象会始终保持关联,即便使用设计工具修改这些对象也一样。在图纸或三维标记幻灯片上创建的注释仅属于该图纸或标记所有,这些注释不会出现在设计中。每个注释都有自己的属性,可在"属性"面板中修改这些属性。当创建第一个注释时,它会自动进行缩放,使得在将设计缩放为适合设计窗口时可以看见该注释。所有其他注释会使用与之相同的比例。

(3) 可以对图纸添加或删除视图,将视图在图纸上移动以及修改视图属性。可以创建普通视图、投影视图、横截面视图以及详细视图。这些视图均与用以创建它们的设计模型相关联,其属性也继承自原始视图。

(4) 可以在设计、图纸或三维标记幻灯片中插入表面光洁度符号。表面光洁度符号可以沿着其所属的曲面一起移动。

(5) 可帮助创建二维图纸。当向设计中添加新的图纸时,应用程序会自动创建设计视图。然后,可使用"详细"标签中的工具来添加、删除和编辑这些视图,也可将它们在图纸上移动。图纸会保存在设计中。

(6) 可以创建三维标记幻灯片,用户可借助此功能来标记出设计的各个版本之间的差别,以便就这些差异与他人沟通。这些幻灯片可以导出为 PowerPoint 或 XPS 格式。

7.2　细节设计阶段的主要操作命令

7.2.1　细节设计工具栏

细节设计阶段的主要操作命令在"详细"菜单下,包括定向、字体、注释、视图、符号、图纸设置、三维标记,共 6 个功能模块,如图 7-1 所示为"详细"工具栏。

图 7-1　详细工具栏

细节设计工具可划分为以下几个工具栏组:

(1)　定向:快速显示设计的详细视图。

(2)　字体:通过调整字体特征来设定注释文本格式。

(3)　注释:用文本、尺寸、几何公差、表格、表面光洁度符号、基准符号、中心标记、中心线和螺纹在设计上创建注释。

(4)　视图:向图纸添加各种视图,如横截面、断裂剖面等。

(5)　符号:插入或创建符号,可以插入本地符号,或创建自定义符号。

(6)　图纸设置:设置图纸的格式、方位、大小及比例。

(7)　三维标记:创建标记幻灯片以展示设计的更改。

7.2.2　定向模块的功能介绍

可以从 Geomagic Design Direct 定向工具栏组选择一个工具以在工作区中对当前的设计进行视角度调整。这些工具在使用其他二维或三维工具进行设计的过程中也可以使用。

定向模块的主要操作命令在"详细"菜单下,包括回位、平面图、视角图、靠齐视角,如图 7-2 所示为定向工具栏组。

图 7-2　定向命令组

定向工具栏组包含以下工具:

(1) 回位:该命令可将设计的方向恢复为默认的正三轴测视图。可以自定义原始视角以任何方向、位置和缩放级别显示设计。

(2) 平面图:该命令可显示草图栅格或所选平面作为主视图。

(3) 视角图:该命令可在设计窗口中显示目标对象的正三轴测视图,等轴测视图及各主视图。

(4) 靠齐视图:该命令可显示一个表面的主视图。还可以使用该工具将高亮显示的表面朝向上、下、左、右各方向。

提示

可使用简易方法,拖动鼠标中键不放可旋转,Shift＋拖动可平移,而 Ctrl＋拖动可缩放。

7.2.3　注释模块的功能介绍

该模块可以为设计、图纸和三维标记添加注释、尺寸、形位公差、表面光洁度符号、基准符号、中心标记、中心线和螺纹。当创建与设计对象相关的注释时,注释与对象会始终保持关联,即便使用设计工具修改这些对象也一样。在图纸或三维标记幻灯片上创建的注释仅属于该图纸或标记所有,这些注释不会出现在设计中。

每个注释都有自己的属性,可在"属性"面板中修改这些属性。当创建第一个注释时,它会自动进行缩放,使我们在将设计缩放为适合设计窗口时可以看见该注释。所有其他注释会使用与之相同的比例。

注释模块的主要操作命令在"详细"菜单下,包括尺寸、注解、注释指引线、中心线、表面光洁度、形位公差、螺纹、基准符号、表格、焊接符号、螺柱圆、材料清单,如图 7-3 所示为注释工具栏组。

图 7-3　注释命令组

注释工具栏组包含以下工具:

(1) 尺寸:该命令可用于创建测量尺寸,可以为设计、图纸、或三维标记幻灯片中添加测量值。

（2）　注解：该命令可用于选择注释平面并在其中输入文本，可以为设计、图纸以及三维标记幻灯片中添加注解。可以通过此工具创建并编辑注解。

（3）　注释指引线：该命令可用于连接注释与对象，可以从注解引出箭头标线。

（4）　使用螺纹：该命令在任何圆柱体、圆锥体或孔上创建螺纹曲面，可以自定义螺纹属性，同时支持标准螺纹属性。

（5）　中心线：该命令可为任何圆、圆弧、圆柱体端或球添加中心标记并在任何圆柱面上放置中心线，该命令只在工程图纸中使用。

（6）　形位公差：该命令可用于创建形位公差，可以为设计、图纸以及三维标记幻灯片添加公差。在 Design Direct 中，不会自动创建形位公差，因此建议详细阅读形位公差工具提示，然后再创建智能形位公差注释。

（7）　基准符号：该命令可用于在设计、图纸或三维标记幻灯片中插入基准符号。

（8）　基准目标：该命令用于放置基准目标，以作为标注的基准。

（9）　使用表格：该命令插入表格注释，可以在注释平面内放置表格，可以对表格进行移动、旋转、删除等操作，同时可以通过设置表格属性，对行数、列数、行高、列宽、单元格对齐方式和边距修改。

（10）　孔表：该命令用于放置孔表，可以在注释平面内放置孔表。

（11）　螺栓圆：该命令用于创建螺栓圆。

（12）　焊接符号：该命令将焊接符号放到活动的注释平面或图纸上。

（13）　材料清单：该命令用于在图纸上放置材料清单。

（14）　表面光洁度：该命令可用于创建表面光洁度符号，可以为设计、图纸以及三维标记幻灯片插入表面光洁度符号。表面光洁度符号可以沿着其所属的表面一起移动。

7.2.4　符号模块的功能介绍

符号工具栏的主要操作命令在"详细"菜单下，包括插入、创建，如图 7-4 所示为符号工具栏组。

图 7-4　符号命令组

（1）　插入：插入本地符号库中的符号。

（2）　创建：通过选择草图曲线和文本来创建一个自定义符号。

7.2.5　字体模块的功能介绍

该模块借助字体工具栏组中的工具或右击注释时显示的微型工具栏，可以调整注释框内文本的字体、大小、样式（粗体、斜体、下画线）、对齐方式并创建上标和下标。

字体模块的主要操作命令在"详细"菜单下，包括字形、文本大小、宽度因子、粗体、斜体、添加下画线、删除线、垂直偏移、靠左对齐、居中对齐、靠右对齐、从左到右、从右到左，如

图 7-5 所示为字体工具栏组。

图 7-5　字体命令组

字体工具栏组包含以下工具：

（1）仿宋 8 1：字形，选择字形，如：宋体、仿宋、楷体等。大小选择或输入字号，如：2.5、3.5 等；宽度，选择或输入宽度因数，如：0.5、1.25 等。

（2）**B** **I** **U**：将注释文本设为粗体、斜体或添加下画线。

（3）靠左、居中或靠右对齐注释文本。

（4）▷¶ ¶◁：将文本方向设置为从左到右或从右到左。

（5）abc：绘制贯穿所选文本中间的直线。

（6）A↕：创建一个下标或上标，可以从下拉列表中选择预设值，或选择自定义并手动输入自定义值来向上或向下移动文本。

7.2.6　图纸设置模块的功能介绍

该模块可以使用模板格式化图纸、调整页面方向以及为图纸选择纸张尺寸。当选择图纸的格式和尺寸时，Design Direct 会自动设置比例，不过也可对此比例进行修改。

图纸设置模块的主要操作命令在"详细"菜单下，包括格式、方位、大小、比例，如图 7-6 所示为图纸设置工具栏组。

图纸设置工具栏组包含以下工具：

图 7-6　图纸设置命令组

（1）格式：用于为图纸选择默认或创建自定义格式，或者从图纸中删除格式。

（2）方位：用于为页面选择方向（横向或纵向）。

（3）大小：用于选择纸张尺寸或自定义纸张尺寸。

（4）比例：比例下拉列表选择预设比例或输入自定义比例。

7.2.7　三维标记模块的功能介绍

Design Direct 可以创建三维标记幻灯片，用户可借助此功能来标记出设计的各个版本之间的差别，以便就这些差异与他人沟通。

这些幻灯片可以导出为 PowerPoint 或 XPS 格式。

三维标记模块的主要操作命令在"详细"菜单下，包括新建幻灯片、原始尺寸值、为更改过的面上色,如图 7-7 所示为三维标记工具栏组。

标记工具栏组包含以下工具:

(1) 新建幻灯片:该命令用于为当前设计创建新的三维标记幻灯片。

(2) 原始尺寸值:该命令用于显示前一版本以及当前版本的尺寸。

图 7-7　三维标记命令组

(3) 为更改过的表面上色:该命令用于在设计图中使用不同颜色来表示更改的类型。

7.2.8　视图模块的功能介绍

该模块可以对图纸添加或删除视图,将视图在图纸上移动以及修改视图属性。可以创建普通视图、投影视图、横截面视图以及详细视图。这些视图均与用以创建它们的设计模型相关联,其属性也继承自原始视图。

图 7-8　视图命令组

视图模块的主要操作命令在"详细"菜单下,包括常规、投影、横截面、详细、断裂、断裂剖面,如图 7-8 所示为三维标记工具栏组。

(1) 常规:该命令用于添加全新的独立视图,可以通过"属性"面板中的值,更改其方向、渲染模式、比例,还可以通过对齐视图工具,正确定位设计,通过移动工具,以更精确地定位设计。

(2) 投影:该命令用于对图纸上的其中一个视图创建投影视图,在所选的视图中单击,然后移动鼠标以预览投影视图,单击以便在图纸上创建投影视图,然后单击所选视图中的一个高亮显示的表面或边以创建辅助视图。

(3) 横截面:该命令用于使用图纸上的其中一个视图创建截面视图,选择要成为横截面视图的现有视图,移动鼠标到相关视图上方以显示横截面的位置标记,然后单击用于创建横截面的选定视图。

(4) 详细:该命令用于创建视图局部的放大视图,单击一个对象用以设置用于所附的锚点,然后单击以设置放大视图的边界中心,随后单击以绘制视图边界,再次单击以便在图纸上放置详细视图。

(5) 断裂:该命令用于添加断裂以缩短现有视图,单击查看几何体以设置断裂的起始位置,再次单击设置断裂的结束位置。使用选项面板可以控制断裂线的方向和形状。

(6) 断裂剖面:该命令用于设置描点切掉几何体并显示局部横截面,单击查看几何体以设置放置剖面经由的锚点,然后画一个圆形或闭合的样条曲线区域以切掉模型几何体并显示局部横截面。

7.3　Geomagic Design Direct 详细设计应用实例

在详细菜单栏中主要有注释、视图、符号、图纸设置、三维标记等 7 个菜单栏,本节通过实例对主要工具栏进行说明。本实例中应用的是一支架,在重建完成后,可以隐藏网格面标注，也可不隐藏，如图7-9所示。

1. 创建注释

（1）在"详细"菜单栏中，选择"注释"工具栏组中的"尺寸"工具

，在设计窗口会弹出"选择-尺寸"对话框，如图7-10所示，同时在

工具导航中依次单击  —选择要确定其尺寸的参考，也就是注释平面，在选择时将鼠标悬停在设计的各个表面上，预览合适的注释平面。（在草图模式和剖面模式下，草图栅格定义了注释平面。）如果光标所在的位置出现多个对象，则使用滚轮或箭头键可分别高亮显示各个对象。然后单击 —选择要确定其尺寸的体参考。如图7-11所示。

图 7-9　支架

：在尺寸下拉菜单中有尺寸和纵坐标尺寸两种，选择"尺寸"时，需要选择一个注释平面，然后通过单击和拖动来创建尺寸。当选择"纵坐标尺寸"时，单击一条线或边以设置基准尺寸，然后单击点以添加尺寸，随后单击以放置尺寸。

（2）选择要注释的边，根据在圆上单击的位置决定是从圆的中心、近端还是远端进行测量。将鼠标悬停在设计上，预览可能的尺寸，单击以创建尺寸，如图7-12所示。

图 7-10　尺寸对话框

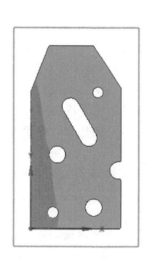

图 7-11　注释平面

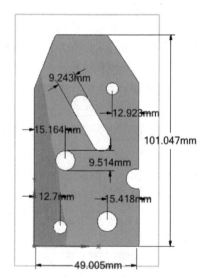

图 7-12　注释尺寸

2. 编辑尺寸注释

选中尺寸注释，对其进行移动、调整大小或旋转。若要移动尺寸注释，使用注释工具栏中的"选择"命令 将鼠标悬停在方框的边缘，直到光标变为灰色，然后拖动注释。右击尺寸，然后从微型工具栏中选择文本格式选项，在"属性"面板中修改尺寸注释的属性。如

图 7-13 所示。

属性对话框中主要选项说明如下：

（1）常规：度量有线性和角度两种，系统会根据标注的类型选择相应的度量。

（2）公差：公差属性的上限、下限用于更改输入公差的上下限值；公差类型指尺寸的格式以及公差类型。

（3）箭头：长度和宽度用于设置箭头的长度和宽度。

（4）精度：用于更改小数位数。

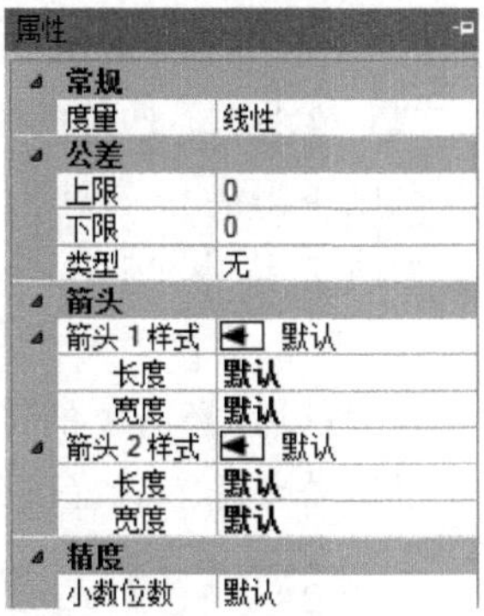

3. 添加标注

（1）单击表格 ⊞ 会弹出如图 7-14 表格属性对话框，拖动以在活动注释平面或工程图图纸内创建一个表格，根据需要可设置自己需要的表格。

属性对话框中选项说明如下：

① 单元格：设置垂直对齐和水平对齐的方式，根据需要可以设置页边距，使表格处在合适的位置。

② 行和列：图中为默认的数据，可以根据需要设置行数、列数、行宽和列宽。

③ 位置：表格定位点的位置。

（2）单击孔表 ⊞，如图 7-15 单击右下角的孔，系统会自动从该孔开始给零件中的所有孔编号，并测出孔的坐标和孔径。如图 7-16 所示。

图 7-13　注释属性对话框

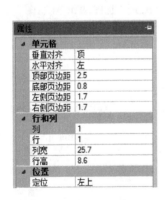

图 7-14　表格属性对话框

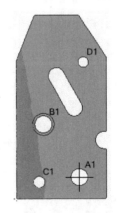

图 7-15　单击孔后的支架

孔	X	Y	说明
A1	35.603mm	11.85mm	$\varnothing$9.536mm
B1	15.167mm	40.877mm	$\varnothing$9.515mm
C1	12.703mm	9.113mm	$\varnothing$6.344mm
D1	37.935mm	75.149mm	$\varnothing$5.834mm

图 7-16　孔信息表

（3）单击螺纹 ▦ ，用鼠标单击圆柱或圆锥的边以创建一个修饰螺纹，如图 7-15 中 B1 孔，由原来的普通孔变成内螺纹孔。在"属性"面板内可以调整螺纹属性，如图 7-17 所示。

（4）单击中心线 ╋ ，单击圆柱或孔的边以创建一个中心标记。可以单击一个圆柱面、圆锥面或圆环面以创建一条中心线。如图 7-15 中 A1 孔所示。

（5）单击形位公差 ⌖ 会出现如图 7-18 所示对话框，在对话框中，可以选择需要的符号，有平面度、圆度、圆柱度、平行度等。根据需要输入选择的公差以及参考面如图 7-19 所示。

图 7-17　螺纹属性对话框

图 7-18　形位公差对话框

（6）单击 Ⓐ 选择"基准符号"工具，将鼠标悬停在设计的各个表面上，预览合适的注释平面。单击以将基准符号放置在适当的注释平面上，输入一个字母 A 和 B。如图 7-19 所示。

4. 工程图纸

（1）在应用程序菜单中，选择"文件"→"新建"→"工程图纸"，设计窗口中会显示含有俯视图、主视图和右视图的工程图纸，而且结构树中会出现"工程图纸"，如图 7-20 所示。创建的工程图纸在设计窗口的显示如图 7-21 所示。

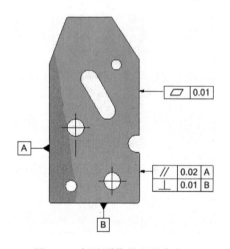

图 7-19　标注形位公差及参考面

图 7-20　结构树显示

结构树中会出现"工程图纸"，可以进行以下操作：

① 打开图纸：右击结构树中的图纸，选择"打开图纸"。

② 删除图纸：右击结构树中的图纸，选择"删除"。

③ 查看图纸正面：在图纸内部任意位置右击，然后选择"视图"→"平视图"。

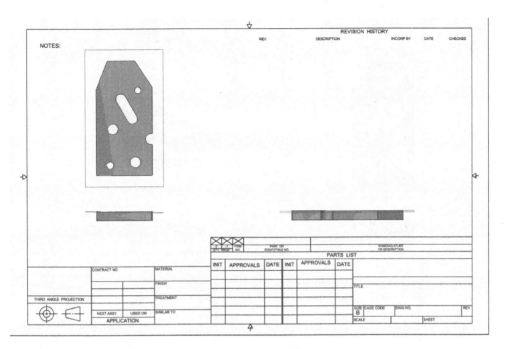

图 7-21　工程图纸

④ 编辑设计注释：在结构树中右击注释平面，然后选择"显示所有尺寸"来显示该平面上的所有设计注释。单击注释可对其进行编辑。在图纸上所作的更改也会出现在设计中。

（2）单击 <kbd>常规</kbd> 在图纸上创建新的等轴视图会弹出如图 7-22 所示的对话框。本实例中选择的方位为等角视图，如图 7-23 所示。

图 7-22　等轴视图属性对话框

属性对话框中主要选项说明如下：

① 比例：用来设置等轴视图的放大和缩小。类型有链接到图纸和独立于图纸两种。当选择独立于图纸时，在等轴视图的下方会出现缩放比例，反之，选择链接到图纸，则不出现。

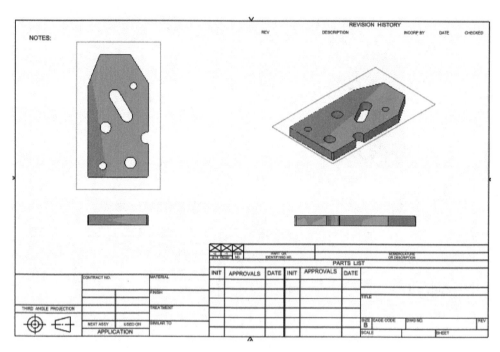

图 7-23　等角视图

② 方位：有等角、正三轴测、上、底、左、右、前、后 8 种视图，可根据需要选取相应的视图方位。

③ 渲染设置：渲染模式有继承、线框、带阴影、显示隐藏线、不显示隐藏线 5 种。继承：等轴视图的渲染模式与原视图一致。线框：等轴视图都以可见的实线显示的。显示隐藏线：等轴视图中看不见的隐藏线得以显示。不显示隐藏线：等轴视图只显示外部轮廓线。带阴影：等轴视图以带阴影显示。

（3）单击 投影 ，在所选的视图中单击，然后将鼠标向上、向下、向左或者向右移动以预览投影视图。单击以便在图纸上创建投影视图。单击所选视图中的一个高亮显示的表面或边以创建辅助视图。投影属性对话框如图 7-24 所示，投影视图如图 7-25 所示。

（4）单击 横截面 ，选择要成为横截面视图的现有视图，移动鼠标到相关视图上方以显示横截面位置标记，然后单击用于创建横截面的选定视图。在工具导航上依次单击 ■ 选择绘制视图内的参考集合体→ ■ 选择一个要显示其剖面视图的绘制视图→ ■ 设置在创建对正剖面时要使用的中枢点。剖面视图如图 7-26 所示。

图 7-24　投影属性对话框

（5）单击 详细 ，单击一个对象以设置用于缩放的锚点，然后单击以设置缩放视图的边界中心，随后单击以绘制视图边界。再次单击以便在图纸上放置详细视图。缩放后的视图如图 7-27 所示。

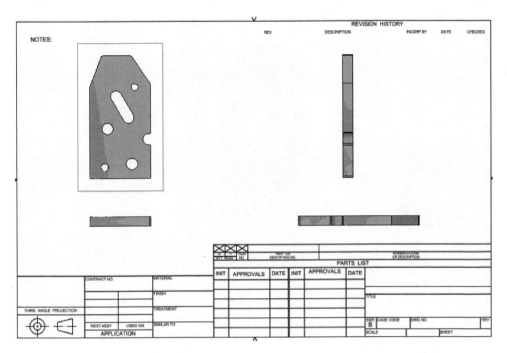

图 7-25　投影视图

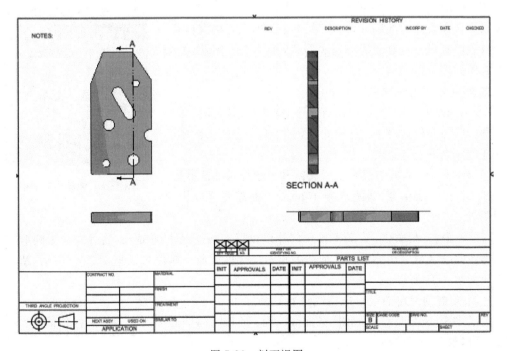

图 7-26　剖面视图

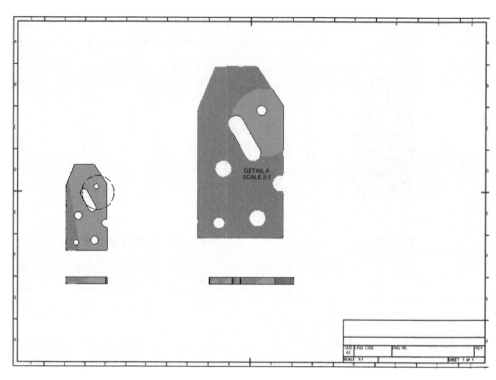

图 7-27　缩放后的视图

（6）单击 ，添加断裂以缩短现有视图，单击查看几
何体以设置断裂的起始位置，再次单击设置断裂的结束位置。
使用选项面板可以控制断线方向和形状，如图 7-28 所示，断裂
后的视图如图 7-29 所示。

选项-断轴图中选项说明如下：

① Cut Direction：剪切方向有水平、垂直和已与几何体对
齐三种。已与几何体对齐：选用此项，剪切方向会依据图中已
有的几何体来确定其方向。

② Break Line：剪切线有直线切割和手绘样条曲线截断。

③ Default Gap：默认距离为 10mm，根据需要可以设置
断裂距离。

图 7-28　断轴图对话框

（7）单击 断裂剖面 ，单击查看几何体以设置剖面所经由的锚点，然后画一个圆形或闭
合的样条曲线区域以切掉模型几何体并显示局部横截面。属性对话框如 7-30 所示，断裂后
的视图如图 7-31 所示。

选项-断裂剖面对话框中选项说明如下：

① 草图边界类型：有圆和样条曲线。圆：所选择的剖面形状为圆形。样条曲线：根据
需要，可以绘制剖面曲线。

② 深度：为剖面深度，可以自行设置。

（8）创建视图结果，待视图创建完成后，单击"文件"中"保存"或者"另存为"保存视图
文件。

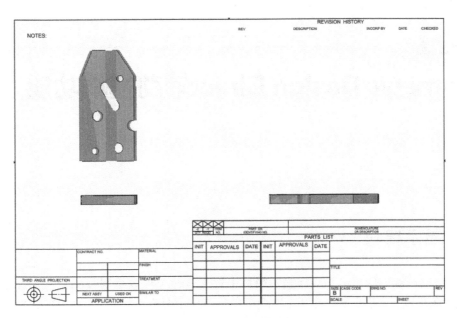

图 7-29　断裂后的视图

图 7-30　断裂剖面对话框

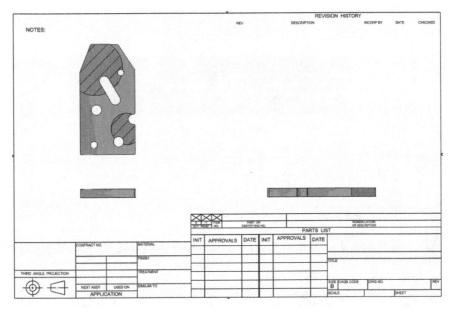

图 7-31　断裂剖面后的视图

第8章

Geomagic Design Direct辅助模块功能

8.1 显示模块

通过 Geomagic Design Direct 显示模块中的工具命令可以编辑目标对象的显示效果，如目标对象的颜色、阴影透视效果等等。在显示模块中共有剪贴板、定向、样式、窗口、栅格和显示 6 个工具栏，如图 8-1 所示。

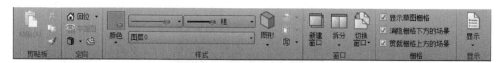

图 8-1　显示模块下的工具栏

其中，作为常用辅助工具栏的剪贴板工具栏与定向工具栏已在前文中详细介绍过，这里就不再重复介绍了。对其他各工具栏中工具命令的含义与作用的介绍说明如下。

1. 样式工具栏

在样式工具栏中有颜色、图层、图形等命令，如图 8-2 所示。

图 8-2　样式工具栏

（1）：设置所选对象的颜色。

（2）：设置线型和线宽。

（3）：修改面和边的显示形式，在该命令中有带阴影、透视阴影、线框、显示隐藏线和不显示隐藏线 5 种。

（4）图层0：将所选对象放在指定图层上并修改该图层属性。

（5）：选择模型中的边要显示的类型，有实体、轮廓、相切等。

（6） ：设置所选实体的透明度样式，以使其始终显示为透明或始终显示为不透明。

（7） ：设置对象的渲染样式，有金属光泽、塑胶、已刷过、加阴影线和完成 5 种。图 8-3 是渲染前的齿轮模型，图 8-4 是渲染样式为加阴影线后的齿轮。

图 8-3 渲染前的齿轮模型

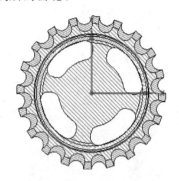

图 8-4 渲染后的齿轮模型

2. 窗口工具栏

在窗口工具栏中有新建窗口、拆分、切换窗口工具命令框，如图 8-5 所示。

（1） 新建窗口：打开一个新的设计窗口，并在其中显示活动窗口中的内容。

图 8-5 窗口工具栏

（2） 拆分：将设计窗口拆分为多个设计视口，有一个视口、两个水平视口、两个垂直视口和 4 个视口。图 8-6 为拆分成 4 个视口后的设计窗口。

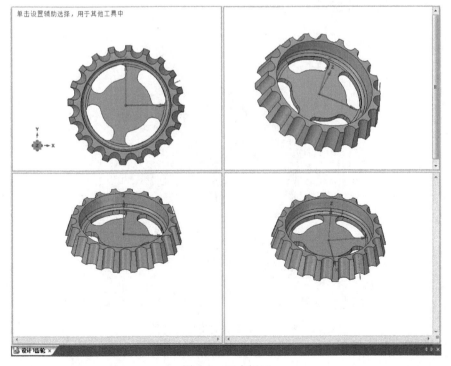

图 8-6 四个视口

（3）　切换窗口：选择另一个打开的设计窗口以显示该设计。

3. 栅格工具栏

在栅格工具栏中有显示草图栅格、消隐栅格下方的场景和裁剪栅格上方的场景三种选择框，如图 8-7 所示。

图 8-7　栅格工具栏

（1）显示草图栅格：在草图和剖面模型下显示栅格。图 8-8 和图 8-9 分别是在草图模式下显示草图格栅和未显示草图格栅。

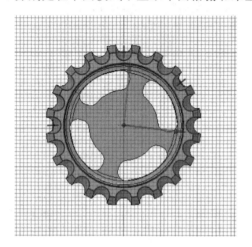

图 8-8　显示草图格栅

图 8-9　未显示草图格栅

（2）消隐栅格下方的场景：提高草图栅格下方的几何结构的透明度，勾选消隐栅格下方的场景，效果如图 8-10 所示。

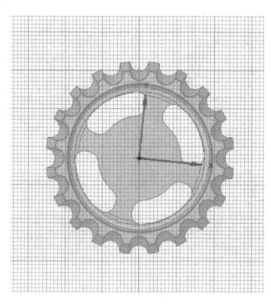

图 8-10　消隐栅格下方的场景

（3）裁剪栅格上方的场景：隐藏草图栅格上方的几何结构。选择裁剪栅格上方的场景，栅格位于模型上表面，如图 8-11 所示，选择未裁剪栅格上方的场景，栅格位于模型的中间某个位置。如图 8-12 所示。

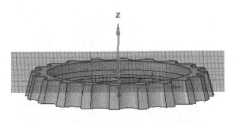
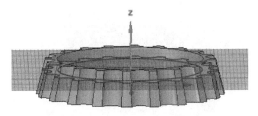

图 8-11　裁剪栅格上方的场景　　　　　　图 8-12　未裁剪栅格上方的场景

4. 显示工具栏

显示工具栏可以采用可选方式选择要显示的内容的列表，有世界原点、转动中心、表面高度等，可根据需要选择。

8.2　测量模块

通过 Geomagic Design Direct 测量模块中的工具，可以对实体模型进行检查与测量。测量模块下共有 4 个工具栏，包括了定向工具栏、检查工具栏、干涉工具栏和质量工具栏，如图 8-13 所示。

图 8-13　测量模块下的工具栏

其中，定向工具栏在前面的章节中已经介绍过，这里不再重复介绍了。其他工具栏中工具命令的含义及主要功能如下。

1. 检查工具栏

检查工具栏组中选择的工具可以显示设计中的边、表面和实体的测量值，如：长度、面积、形心、体积等，或显示 u-v 栅格。检查模块的主要操作命令在"测量"菜单下，包括质量、检查几何体、测量、间隙，如图 8-14 所示为检查工具栏组。

图 8-14　检查工具栏组

（1）质量：该命令可用于测量实体的质量属性，以及用于测量曲面实体的总表面积，形心等。

（2）测量：该命令可用于显示设计中模型边和表面的几何测量值。

（3）检查几何体：该命令可用于检查几何体中的问题。

（4）间隙：该命令可用于搜索装配体中的零件之间的小间隙。

经过设计操作完成的实体模型"齿轮.scdoc",可以进行检查操作。单击 ⟨质量⟩ ,然后单击需要检查质量的实体对象,就可以显示出所检查实体的相关信息,如图8-15所示显示出所检查齿轮实体的相关信息。

总表面积: 154753.48mm²
形心: (0, 0, 2.7062)mm
体积: 929820.7867mm³
主要力矩和轴: 4476951989.9742mm^5 (0.99773, 0.06729, 0)
主要力矩和轴: 4476981358.992mm^5 (-0.06729, 0.99773, 0)
主要力矩和轴: 8552796903.5306mm^5 (0, 0, 1)

图8-15   齿轮实体相关信息

单击 ⟨测量⟩ ,然后单击需要测量的实体对象,就可以显示出所测量实体的相关信息,如图8-16所示为齿轮实体的测量结果。

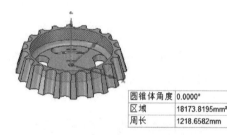

圆锥体角度	0.0000°
区域	18173.8195mm²
周长	1218.6582mm

图8-16   齿轮实体的测量结果

单击 ⟨间隙⟩ ,检查出的实体对象之间的间隙会自动用红色显示,如图8-17所示红色部分为实体对象之间的间隙。

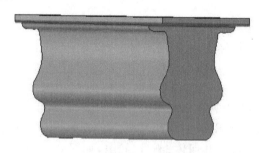

图8-17   实体之间的间隙

2. 干涉工具栏

通过干涉工具栏中的工具命令,可以显示实体彼此相交位置的边或显示设计中通过实体相交创建的体积。干涉工具栏中共有两个工具命令:曲线和体积,如图8-18所示。

(1) ⟨曲线⟩ 曲线:该命令可用于显示相交对象之间相交的边。

（2） 体积：该命令可用于显示相交对象之间相交的体积。

操作方法：按住 Ctrl 键并用鼠标单击选择相交的对象。

经过设计操作完成的实体模型"叶片"，可以进行干涉操作。单击曲线工具图标 ，然后按住 Ctrl 键单击相交的实体对象，就可以显示出相交实体之间的边，如图 8-19 所示。

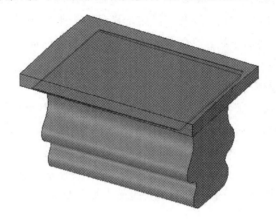

图 8-18　干涉工具栏组　　　　　　　　　图 8-19　相交实体之间的曲线

单击体积工具图标 ，然后按住 Ctrl 键单击相交的实体对象，就可以显示出相交实体对象之间的体积，如图 8-20 所示。

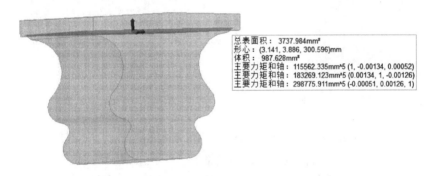

图 8-20　相交实体对象之间的体积

3. 质量工具栏

通过质量工具栏组中的工具命令，可以显示出单个面的法线、曲率、栅格、条纹、平面与 Z 轴之间的拔摸角度、相交面的两面角，以及比较并显示目标实体和参考实体的偏差等。质量工具栏中的工具命令包括了法线、曲率、拔摸、栅格、两面角、条纹和偏差，如图 8-21 所示。

图 8-21　质量工具栏组

（1）![法线]法线：该命令可用于显示平面或曲面的法线。

（2）![栅格]栅格：该命令可用于显示指定表面的栅格。

（3）![曲率]曲率：该命令可用于显示表面或边的曲率。

（4）![两面角]两面角：该命令可用于显示在边上相交表面间的两面角。

（5）![拔摸]拔摸：该命令可用于显示一个平面相对于 Z 轴的拔摸角度。

（6）![条纹]条纹：该命令可用于显示平面或曲面上反射条纹的阵列。

（7）![偏差]偏差：该命令可用于比较和显示目标实体和参考实体之间的偏差。

经过设计操作完成的实体模型"齿轮.scdoc"，可以进行质量检查操作。单击法线工具图标![法线]，然后单击需要显示法线的表面或曲面，就可以在表面或曲面显示出法线方向的箭头，如图 8-22 所示为表面的法线方向。

单击栅格工具图标![栅格]，然后单击需要显示栅格的表面或曲面，就可以在表面或曲面上显示出栅格，如图 8-23 所示为表面上显示栅格。

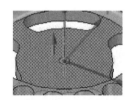

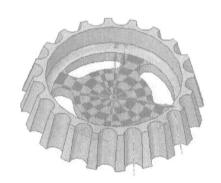

图 8-22 表面的法线方向   图 8-23 表面上显示栅格

单击曲率工具图标![曲率]，然后单击需要显示曲率的表面或边，就可以在表面或边上显示出其曲率，如图 8-24 所示为齿轮某一边线的曲率。

单击两面角工具图标![两面角]，然后单击需要显示两面角的边与其相交的表面，就可以在边和表面的相交处显示出两面角，如图 8-25 所示为齿轮上表面和内表面的两面角。

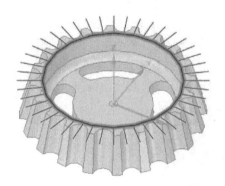

图 8-24 齿轮某一边线的曲率   图 8-25 齿轮上表面和内表面的两面角

单击拔模工具图标 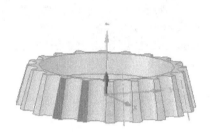，然后单击需要显示拔模的表面，就可以用颜色显示出表面与 Z 轴的拔模角的正、负值（默认绿色为正，红色为负），如图 8-26 为齿轮齿顶面与 Z 轴的拔模角。

单击条纹工具图标 ，然后单击需要显示条纹的表面或曲面，就可以在实体模型的表面上显示出条纹，如图 8-27 所示为表面上显示出斑马条纹的效果。另外，通过编辑选项面板中的参数还可以设置条纹的颜色和密度。

图 8-26　齿顶面与 Z 轴的拔模角　　　　图 8-27　表面上显示出条纹

单击偏差工具图标 ，会弹出选项分析对话框如图 8-28 所示，可以对公差范围进行设置，在显示中选择着色，然后单击实体对象，按住 Ctrl 同时单击原始模型，软件将自动对两个对象进行偏差分析，如图 8-29 所示为对模型"吉他.scdoc"偏差分析后生成的不同颜色表示的偏差结果。绿色部分，表示偏差在公差范围内，通过设置不同公差，颜色分布会随着设置值的不同而发生变化。

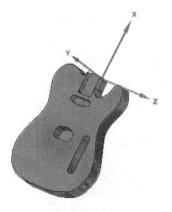

图 8-28　偏差选项分析对话框　　　　图 8-29　偏差分析后的结果

8.3　修复模块

Geomagic Design Direct 中修复模块的主要功能是对二维截面草图或三维表面数据进行检测与修复,例如二维截面草图中不易被操作人员发现的曲线间隙与重复曲线、实体模型中的小型表面与分割边等等。修复模块中总共有 6 个工具栏:定向、浏览、固化、修复、拟合曲线和调整,如图 8-30 所示。

图 8-30　修复模块

其中,定向工具栏已在第 2 章详细介绍过,这里就不再重复介绍了,下面将逐一介绍修复模块下各工具栏中工具命令的含义与功能。

8.3.1　工具栏介绍

1. 浏览工具栏

浏览工具栏如图 8-31 所示,该工具栏中工具命令的图标,含义及选项的介绍如下。

图 8-31　浏览工具栏

(1)　上一个:单击选择该工具以显示所标识的上一个有问题的区域。

(2)　下一个:单击选择该工具以显示所标识的下一个有问题的区域。

(3) 缩放到屏幕大小:勾选此项可将设计窗口中所选的有问题的区域缩放到当前屏幕中适当的大小进行显示。

2. 固化工具栏

固化工具栏如图 8-32 所示,该工具栏中工具命令的图标、含义及其对应的选项面板和工具向导如下介绍。

1)工具命令及其选项面板

(1)　拼接:单击选择该工具可修复曲面之间的间隙,将存在间隙的分离曲面拼接成一个实体。单击拼接工具图标后,在选项面板中弹出的该工具的选项如图 8-33 所示。

图 8-32　固化工具栏

图 8-33　拼接工具的选项面板

- 最长距离：在该栏中可手动设置距离参数，以限制要进行拼接的曲面之间最长距离。
- 检查重合：勾选此项可在拼接曲面之前删除重合的表面。

（2）⬡间距：单击选择该工具以检测并修复曲面体中曲面之间的细小间距。单击间距工具图标后，在选项面板中弹出该工具的选项如图8-34所示。

- 最大角度：在该栏中可手动设置角度参数，以限制查找的曲面体中曲面之间的最大角度。
- 最长距离：在该栏中可手动设置距离参数，以限制查找的曲面体中曲面之间的最长距离。

（3）⬡缺失的表面：单击选择该工具以检测并修复曲面体上缺失的表面。单击缺失的表面工具图标后，在选项面板中弹出该工具的选项如图8-35所示。

图 8-34 间距工具的选项面板

图 8-35 缺失的表面工具的选项面板

- 最小角度：在该栏中可手动设置角度参数，以限制查找的缺失表面中的最小角度。
- 最短距离：在该栏中可手动设置距离参数，以限制查找的缺失表面中的最短距离。
- 填充：选中此项以使用封闭的环边或通过延伸相邻表面来填充缺失的表面。
- 修补：选中此项以使用新过渡的表面覆盖环形的缺失表面。
- 尝试两种方法：选中此项以尝试"填充"和"修补"两种方法来修复缺失的表面。
- 允许多个表面：选中此项可允许使用多个表面填充孔。

2）工具向导及其含义

（1）🖱选择几何体：单击该工具向导以选择有问题而未被软件自动检查并找到的几何体。

（2）🖱选择问题：单击该工具向导以选择一个有问题的区域并尝试修复它。

（3）🖱排除问题：单击该工具向导以选择并排除已选择的或修复中的问题区域。

（4）✔完成：单击该工具向导以修复剩余的所有存在问题的区域，或者修复所选的有问题的区域。

3. 修复工具栏

修复工具栏如图8-36所示，该工具栏中工具命令的图标，含义及其对应的选项面板如下所示。

（1）⬡分割边：单击选择该工具以检测并修复未标记为新表面边界的重合边。单击分割边工具图标后，在选项面板中弹出的该工具的选项如图8-37所示。

图 8-36　修复工具栏

图 8-37　分割边工具的选项面板

- 最大长度：在该栏中可手动设置长度参数，以限制查找的分割边的最大长度。

（2）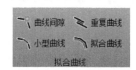非精确边：单击选择该工具以检测并修复未精确位于两个表面相交处的边。

（3）重复：单击选择该工具以检测并修复重复的表面。

（4）额外边：单击选择该工具以检测并删除不需要以定义模型形状的边，如平面中的额外边线。

注意：修复工具栏下的工具向导与固化工具栏的工具向导的含义及功能相似，只是选择的目标对象的类型不同，这里不再重复介绍了。

4. 拟合曲线工具栏

拟合曲线工具栏如图 8-38 所示，该工具栏中工具命令的图标、含义及其对应的选项面板和工具向导如下所示。

（1）曲线间隙：单击选择该工具以检测并修复曲线之间的间隙。单击曲线间隙工具图标后，在选项面板中弹出的该工具的选项如图 8-39 所示。

图 8-38　拟合曲线工具栏

图 8-39　曲线间隙工具的选项面板

- 最长距离：在该栏中可手动设置距离参数，以限制查找的曲线间隙的最大间隙距离。

（2）小型曲线：单击选择该工具以检测并删除小型曲线，然后弥补它们留下的间隙。单击小型曲线工具图标后，在选项面板中弹出的该工具的选项如图 8-40 所示。

- 最大长度：在该栏中可手动设置长度参数，以限制查找的小型曲线段的最大长度。

（3）重复曲线：单击选择该工具以检测并删除重复曲线。

（4）拟合曲线：单击选择该工具以将所选曲线替换为直线、弧或样条曲线以进行改进。单击小型曲线工具图标后，在选项面板中弹出的该工具的选项如图 8-41 所示。

图 8-40　小型曲线工具的选项面板

图 8-41　拟合曲线工具的选项面板

- 最长距离：在该栏中可手动设置长度参数，以限制需进行拟合的曲线的最大长度。
- 线条：勾选此项以在拟合曲线段时以线条的方式拟合。
- 弧：勾选此项以在拟合曲线段时以弧线的方式拟合。
- 样条曲线：勾选此项以在拟合曲线段时以样条曲线的方式拟合。

注意：修复选项面板中默认的拟合曲线段的方式是线条和弧线。弧和样条曲线只能从中择其一，当勾选其中一项时，软件会自动取消选择另一项。

5. 调整工具栏

调整工具栏如图8-42所示，该工具栏中工具命令的图标、含义及其对应的选项面板和工具向导如下所示。

图8-42 调整工具栏

（1）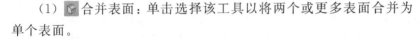 合并表面：单击选择该工具以将两个或更多表面合并为单个表面。

（2）小型表面：单击选择该工具以检测并删除模型中的小型表面或狭长表面。单击小型表面工具图标后，在选项面板中弹出的该工具的查找选项如图8-43所示。

- 按区域查找表面：勾选此项以通过计算表面数据中各表面的面积值来排查小型曲面。
- 最大面积：在该栏中可手动设置面积参数，以限制查找的小型曲面的最大面积，大于所设置的面积值的曲面不会被检测为小型表面。
- 按短边宽度查找银色面：勾选此项以通过计算表面数据中各表面段边线的宽度值来排查小型曲面。
- 最大宽度：在该栏中可手动设置宽度参数，以限制查找的小型曲面的短边线的宽度，大于所设置的宽度值的曲面不会被检测为小型表面。

（3）相切：单击选择该工具以检测靠近切线的表面并使它们变形，直到它们相切。另外，还可以为相互连接的曲面创建相切约束关系。单击相切工具图标后，在选项面板中弹出的该工具的选项如图8-44所示。

图8-43 小型表面工具的选项面板

图8-44 相切工具的选项面板

- 最大角度：在该栏中可手动设置角度参数，以限制查找的切线处的曲面间的最大角度，大于所设置的角度值的切线不会被检测到。

（4）简化：单击选择该工具以将面和曲线简化成平面、圆锥、圆柱、直线、弧线等。

8.3.2　玩具模型表面修复实例

本小节介绍的修复模块以玩具模型的表面数据为例,由于该玩具模型几何形状复杂,得到的表面数据中存在一些错误,为构造该玩具模型的实体模型,需对表面数据中错误表达的区域进行修复。针对玩具模型的表面数据,可应用 Geomagic Design Direct 正逆向直接建模软件中修复模块下的工具命令,对表面数据中缺失的表面和曲面间隙等错误自动检测并修复。

1. 应用固化工具栏进行修复

打开文件中的"玩具"模型,如图 8-45 所示,可以观察到玩具模型表面中包含了较多的小曲面。由于可能存在缺失的表面和曲面间隙等错误,打开表面数据后,软件无法自动缝合得到实体模型。单击固化工具栏中缺失的表面工具图标 后,软件自动检测并高亮显示设计窗口中的玩具模型表面中存在表面缺失的区域,如图 8-46 中红色高亮边界线所围绕的区域。这时可单击浏览工具栏中的"上一个"或"下一个"工具并勾选"缩放到屏幕大小"选项,对缺失表面的区域进行更清晰的观察。

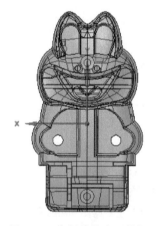

图 8-45　修复前的表面数据

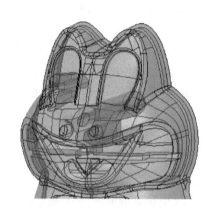

图 8-46　缺失表面的区域

将光标移至高亮显示的边界线上,并单击边界线所围绕的区域,软件边自动对该区域进行修复——即填充该区域。

注意:单击缺失的表面工具图标后,在设计窗口中显示缺失表面的区域的同时,也会自动激活下一步操作需用到的工具向导,在设计窗口中直接单击选中存在问题的区域,软件便会自动开始修复,而不需要再单击选择以激活工具向导来进行选择操作。

若缺失表面的区域的边界比较复杂或处于多个表面的相交处,单击该区域以进行修复时在状态栏中可能会弹出如图 8-47 所示的警告栏后,选择选项面板中的其他修复选项后再进行修复依旧无法完成时,可先应用"拼接"工具和"间距"工具对其他问题进行修复,在完成其他问题的修复后时再返回继续处理。

单击拼接工具栏图标 ,软件自动检测并高亮显示玩具模型表面中存在曲面间隙的区域,如图 8-48 所示,移动光标至红色高亮显示的边界线上单击确认,即可进行自动修复。

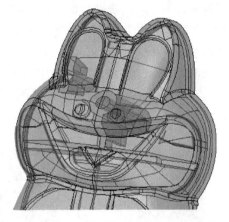

图 8-47　修复时弹出的无修复的警告栏　　　　　　图 8-48　检查得到存在曲面间隙的区域

单击间距工具图标 ⬡ 后,软件检测不到错误时会在状态栏中弹出"找不到任何区域"的信息框,可继续修复其他错误。对前文未能修复完成的区域继续修复,采用的修复策略是:先选中并删除错误表达的曲面,然后应用"缺失的表面"工具进行修复。由于错误表达的曲面在曲面模型内部而无法直接单击选中,可先删除错误表达的曲面上方的球面,经删除操作后的局部表面数据如图 8-49 所示。单击缺失的表面工具图标 ⬡,检测到存在缺失表面的区域,单击选中以进行修复,玩具模型表面数据中不存在错误后,即可由封闭的、完好的表面数据自动得到实体模型,如图 8-50 所示。

图 8-49　删除操作后的局部表面

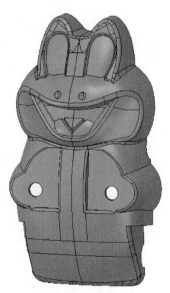

图 8-50　玩具三维实体模型

2. 应用修复工具栏进行修复

在应用固化工具栏中的工具对玩具模型表面中的曲面错误进行修复后,如果模型中还存在某种错误,软件就不会自动生成实体模型。这时可继续使用修复工具栏中的工具命令对玩具模型表面中的边线进行修复,以得到更完善的玩具模型表面数据。单击分割边工具图标 ▨ ,自动检测到的分割边如图 8-51(a)所示,单击非精确边工具图标 ▨ 后,自动检测到的非精确边如图 8-51(b)所示,单击额外边工具图标后,自动检测到的额外边 ▨ 如图 8-51(c)所示。分割边、非精确边和额外边的修复操作与前文中修复曲面的操作一样,单击选中需要修复的边线以进行修复,或直接单击完成工具向导图标 ☑ ,软件即可自动修复所有存在问题的边线。

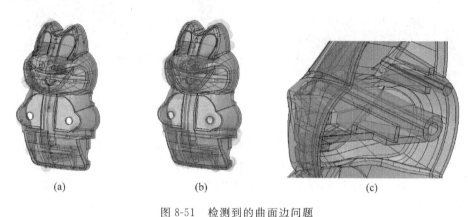

图 8-51 检测到的曲面边问题

(a)分割边工具的检测结果;(b)非精确边工具的检测结果;(c)外边工具检测的检测结果

3. 应用调整工具栏进行修复

调整工具栏中的工具命令主要用于修复或合并表面数据中的小型曲面,并可为相互连接的曲面建立相切约束关系。单击小型曲面工具图标 ▨ 后,根据选项面板中默认设置的参数,软件自动检测到的小型曲面如图 8-52(a)所示,单击完成工具向导图标 ☑ 后,即可对所检测到的小型曲面进行修复。单击相切工具图标 ▨ ,软件自动检测到表面数据中相互连接的但不相切曲面,如图 8-52(b)所示,即可根据建模经验选中需要建立相切约束关系的曲面连接以进行修复。

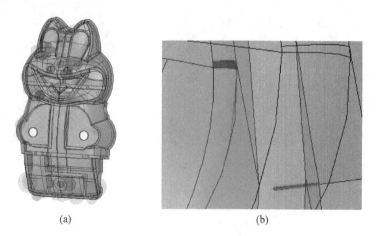

图 8-52 检测到的曲面问题

(a)小型曲面工具的检测结果;(b)相切工具的检测结果

注意：当检测到的曲面或边线问题的数量较少时，直接单击完成工具向导即可对所有问题进行修复。当问题的数量太多时，由于计算量较大，软件可能无法直接完成所有问题的修复，需要逐个单击选中以进行修复。

单击合并曲面工具图标 后，在设计窗口中选择两个或多个需进行合并的曲面（相互连接的曲面）。合并前后的曲面如图 8-53 所示。

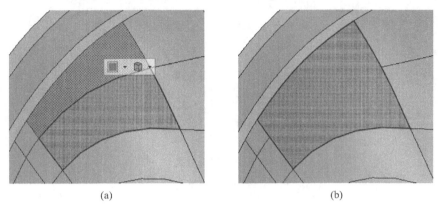

(a)　　　　　　　　　　　　　　　(b)

图 8-53　合并曲面

（a）合并曲面前；（b）合并曲面后

8.3.3　二维截面线草图修复实例

在 Geomagic Design Direct 中对网格面的二维截面线草图进行提取并编辑后，可应用拟合曲线工具栏中的工具命令对草图中曲线间的错误进行修复，如曲线段之间的间隙、重复的曲线段、不易察觉的小型曲线段等。另外，应用拟合曲线工具可以将多段曲线段拟合简化成一条曲线段。

单击曲线间隙工具图标 ，检测到草图中曲线间存在间隙的区域如图 8-54（a）所示，单击存在问题的区域即可自动修复以连接曲线；单击重复曲线工具图标 ，检测到草图中存在重复曲线的区域如图 8-54（b）所示，单击存在问题的区域即可在该区域删除多余的曲线段；单击小型曲线工具图标 ，检测到草图中存在小型曲线的区域如图 8-54（c）所示，单击存在问题的区域即可删除该区域的小型曲线并连接其两端的曲线。

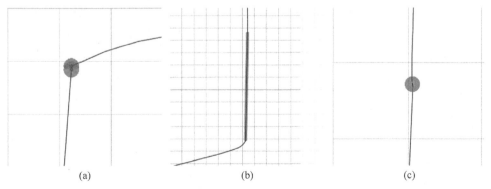

(a)　　　　　　　　　　(b)　　　　　　　　　　(c)

图 8-54　检测草图中的问题

（a）曲线间隙工具检测的结果；（b）重复曲线工具检测的结果；（c）小型曲线工具检测的结果

　　单击拟合曲线工具图标 后,在草图中选择两条或多条需进行拟合的曲线(相互连接的曲线),以拟合成一条连续的曲线。选择 5 条圆弧曲线段如图 8-55(a)后,拟合得到的完整的连续曲线如图 8-55(b)中绿色高亮显示的曲线所示。

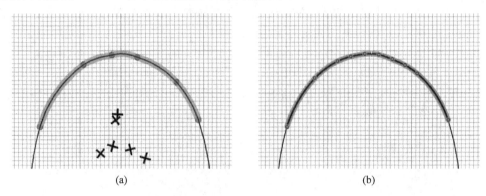

(a)　　　　　　　　　　　　　　　　(b)

图 8-55　拟合曲线

(a) 拟合曲线前；(b) 拟合曲线后

第9章

Geomagic Design Direct正逆向建模综合实例

一般的工艺产品和机械零部件具有复杂的几何特征,若仅仅基于 Geomagic Design Direct 的二维截面草图提取编辑或三维规则特征功能中单独的一个功能,通常无法顺利地重构得到完整的工艺产品或机械零部件的实体模型。本章以几个实际零部件产品的扫描数据为例,通过重构其实体模型,介绍综合运用 Geomagic Design Direct 的二维截面草图提取编辑和三维规则特征功能对其进行实体模型重构的具体操作方法和步骤。

9.1 底座模型建模实例

打开"底座"文件,如图 9-1 所示。从对模型的分析可以看出,该工件的实体模型可由拉伸体、旋转体、扫掠体和圆柱体四种几何特征经布尔操作后还原得到。其中,拉伸体和扫掠体可由二维截面草图提取编辑功能重构得到,旋转体和圆柱体可由三维规则特征提取编辑功能重构得到。

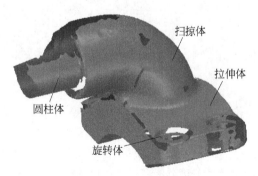

图 9-1 零件原始网格面

步骤 1 构建坐标系

在对图 9-1 中的各几何实体直接进行提取或获取其二维截面草图前,应先构造一个可为提取编辑等操作提供参考的坐标系。坐标系的创建,可应用提取工具栏中的"拟合平面"工具,从网格面中选择部分网格面并以所选择的网格面为参考生成平面,生成三个相互垂直的平面后即可构造坐标系。

首先,单击提取工具栏中拟合平面工具图标□,再单击设计窗口中的智能选择工具向导图标◣,然后在设计窗口单击以选中网格面片(智能选择工具向导可计算所选的网格面的曲率值并以其为参考,在一定的误差范围内,延伸选中该网格面片周围具有相似曲率值的网格面片),软件便根据已选的网格面片自动拟合得到平面,如图9-2(a)所示。在选择不同区域的网格面片并施加约束以构造三个相互垂直的平面后,得到的结果如图9-2(b)所示。

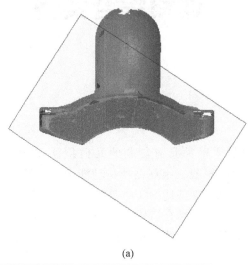

(a)

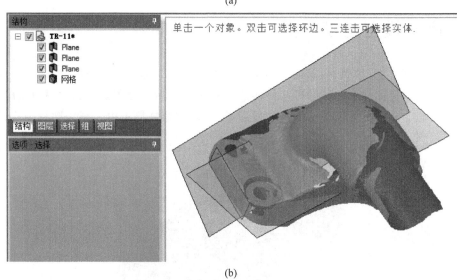

(b)

图9-2 提取三个平面
(a)选择网格面片以提取平面;(b)提取平面的结果

注意:在选择网格面片以生成平面时,所选网格面区域应尽量平滑。需选择多个区域的网格面以生成平面时,可在选择完一个区域后,按住Shift键,再选择下一区域。

提取得到三个相互垂直的平面后,可通过插入工具栏中的"原点"工具以这三个平面为三维坐标系中的三个基准面,在网格面中构建一个坐标系。在结构面板中先单击选中网格,再按住Shift键,并单击选中前文提取得到的三个平面。然后单击原点工具图标◣,即可以三个平面为基准面,三个平面的交点为原点自动生成一个坐标系,如图9-3所示。最后,在结构面板中,选中原点、网格和三个平面,并在设计窗口的空白区域处右击,在弹出的选项框中,选择"靠齐原点",可使世界坐标系与创建的坐标系对齐,即世界坐标系与所创建的坐标系的原点重合,各坐标轴的方向相同或相反。

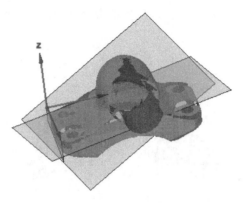

图 9-3　提取平面构建的坐标系

步骤 2　获取二维截面线并构造实体

由于该零件模型中底座部分的拉伸实体网格面数据不完整,形状比较复杂,无法由"拟合挤压"工具直接提取得到其实体模型或边界轮廓线。另外,由于底座上的扫掠实体部分的网格面数据不完整,也无法由"拟合扫掠"工具直接提取得到其实体模型。所以,对这两个几何特征需通过其他方法并利用设计模块下相应的正向建模工具进行重构。

1. 获取并编辑底座的二维截面线

单击剖面模式工具图标 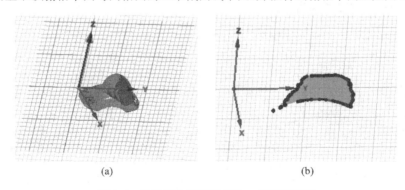,进入剖面模式下以获取底座部分的二维截面线草图。将光标移至坐标系上,软件会根据光标所在的坐标轴自动选择基准面(XY 平面/YZ 平面/XZ 平面)作为获取草图的栅格平面。如图 9-4(a)中的高亮栅格线所示,将光标移动至 Z 轴上时,可以预览到软件自动选择的作为获取草图的栅格平面(YZ 平面)。单击以确认选择该栅格平面后,软件便可自动显示该栅格平面与网格面的二维截面线草图,并拟合到栅格平面上如图 9-4(b)所示。

(a)　　　　　　　　　　　　　　(b)

图 9-4　选择栅格平面以获取二维截面草图
(a) 选择栅格平面;(b) 获取的二维截面线草图

由于所选择的草图栅格平面位于网格面的边缘处,所能获取的二维截面线草图不完整或没有需要的目标截面线草图时,可利用设计窗口下方草绘微型工具栏中的"移动栅格"工具,将栅格平面移动至适当位置,以获得较完整的二维截面线。单击移动栅格工具图标 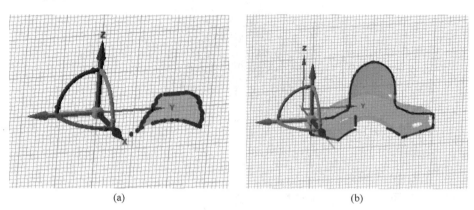 后,在设计窗口中会显示一个指引移动方向的移动手柄,如图9-5(a)所示。单击移动手柄的 X 轴,然后按住鼠标左键并移动以使光标朝 X 轴的正向移动,可将栅格平面沿 X 轴正方向移动至适当位置,软件便会自动显示在该位置拟合得到的栅格平面与网格面的二维截面线,如图9-5(b)所示。

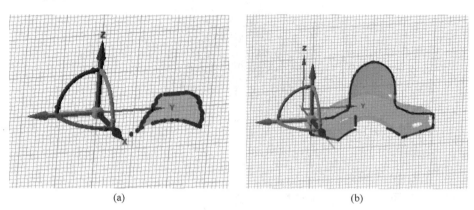

图9-5 移动栅格平面以获取完整二维截面线草图
(a)移动操作时的移动手柄;(b)移动栅格平面至适当位置后拟合的二维截面线草图

注意:移动栅格平面的方向,需根据移动手柄的实际坐标轴方向而定,以获取较完整的二维截面线草图为目的。

通过预览软件自动拟合得到的栅格平面与网格面之间的完整二维截面线草图后,单击编辑工具栏中的选择工具图标 ,以完成栅格平面的移动,并确认移动后的栅格平面与网格面之间的二维截面线是符合要求的。再按住并拖动鼠标,以框选所有拟合得到的二维截面线草图,如图9-6(a)所示,选择框内的二维截面线草图会自动高亮显示。然后单击投影到草图工具图标 (完成投影的同时,也会自动激活草图模式工具图标),并双击编辑工具栏中的选择工具图标 ,以将所选中的二维截面线草图转换到草图模式进行编辑修改,如图9-6(b)中黑色曲线段草图所示。

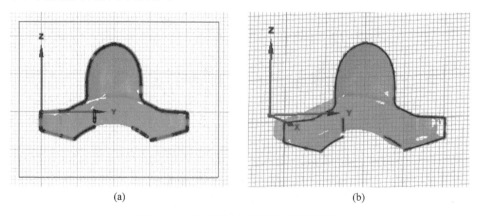

图9-6 选择二维截面草图并投影到草图
(a)选中所获取的二维截面线草图;(b)将二维截面线草图投影到草图

注意：由于在进行二维截面线草图编辑修改时，网格面既可为编辑修改提供参考，也可能会对操作造成干扰。所以在构造底座部分的封闭的二维截面线时，可根据需要在结构面板中勾选或取消勾选网格。

首先，将草图中的与底座部分无关的曲线段、圆角处的小曲线段和错误表达的曲线段删除，删除操作后的草图如图 9-7(a)所示。然后应用草图工具栏中的工具命令将原本为一条线段，却由多段短直线段构成的长直线段还原；将原本为相交关系的曲线段，却没有相交的曲线段连接；将原本长度较长，在删除其中错误表达的曲线段或小曲线段后缩短的曲线段进行延伸。经删除、延伸和相交等操作处理后的草图如图 9-7(b)所示。

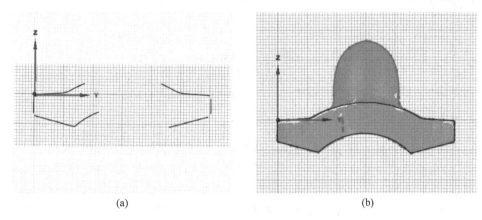

(a)　　　　　　　　　　　　　(b)

图 9-7　编辑修改后得到的封闭的二维截面线草图

(a) 删除曲线段后的草图；(b) 经延伸等操作后的草图

2. 对二维平面拉伸以构造实体

对二维截面线草图进行编辑修改使其封闭后，单击三维模式工具图标 ▣ ，即自动返回至三维模式下，且可由封闭的二维截面线生成以其为边界的平面，如图 9-8 所示，在三维模式下对该平面继续进行编辑修改以重构底座部分的实体。

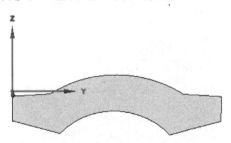

图 9-8　由封闭的二维截面线生成的平面

单击拉动工具图标 ✐ ，并在设计窗口中单击选中平面，再单击直到工具图标，然后单击网格面中底座部分前面的网格面片，如图 9-9(a)所示。应用直到工具对平面拉伸得到的实体如图 9-9(b)所示。

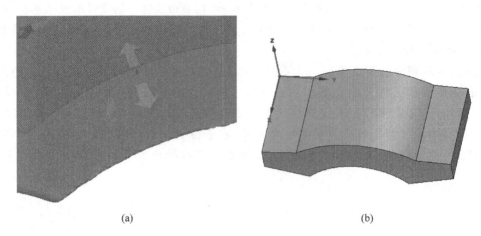

(a)   (b)

图 9-9   应用直到工具向导获取的底座实体

（a）选择要拉伸到的网格面片；（b）拉伸后得到的底座实体

3. 提取并编辑圆柱体特征

重构零件实体模型的第二步为对圆柱体特征进行提取编辑。从网格面数据以及一般机械零部件的构造特征及约束的常识中可以了解到——圆柱体的轴线与扫掠体的扫掠路径或中心分割面是处在同一平面的。若通过手动移动栅格平面来获取扫掠体扫描路径的二维截面线草图，可能会产生较大的误差。但对圆柱体特征进行提取编辑后，应用原点工具构造圆柱体的中心坐标系，然后用该中心坐标系为参考来选择栅格平面，以获取扫掠体的扫掠路径的二维截面线草图，这种方法获取的扫描路径的精度较高。

单击拟合圆柱面工具图标 🔘 ，此时设计窗口中智能选择工具向导已自动激活，在网格面中单击圆柱体区域的网格面分片，软件会自动选中该圆柱体区域中的大部分网格面分片并自动拟合出圆柱体的预览结果，如图 9-10 所示。单击约束定向工具向导图标 ⬡ ，并单击选择 X 轴，可约束圆柱体的轴线方向，使轴线方向与 X 轴平行。最后单击完成工具向导以确认完成圆柱体特征的提取，并单击选择工具图标 ▶ ，即可返回至三维模式下并对提取的圆柱实体进行下一步的编辑操作。

图 9-10   拟合圆柱体

　　单击拉动工具图标　后，移动光标至圆柱体上并单击圆柱体的圆柱面，在自动弹出的参数值一栏中可以看到拟合得到的圆柱体的直径值保留到了千分位，如图 9-11 所示。由于零件的特征参数一般是整数，可根据拟合得到的参数值，在键盘中输入圆整的参数值：16，并按 Enter 键确认。然后单击选择工具图标　，返回至三维模式下进行下一步编辑操作。

　　在结构面板中单击选中圆柱体(Cylinder)，然后单击原点工具图标　，即可在圆柱体的中心处生成一个中心坐标系。该中心坐标系相对于前文中构建的坐标系只是原点不同，各坐标轴是相互平行的，如图 9-12 所示。

 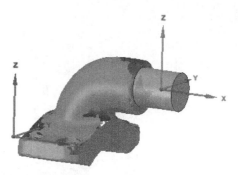

图 9-11　拟合得到的圆柱体的直径值　　　　图 9-12　提取的圆柱体的坐标系

4. 获取并编辑扫掠体的二维截面线

　　单击剖面模式工具图标　，进入剖面模式下以获取扫掠体部分的二维截面线草图。将光标移至中心坐标系上，软件会根据光标所在的坐标轴自动选择基准面作为获取草图的栅格平面，这里选择 XZ 平面作为获取草图的栅格平面。单击以确认选择该栅格平面后，可预览到栅格平面与网格面之间的二维截面线如图 9-13 所示。

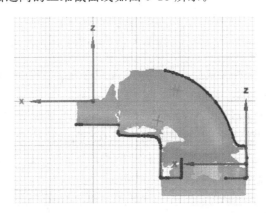

图 9-13　栅格平面与网格面之间的二维截面线预览图

　　通过观察网格面可以知道，扫掠体的扫描路径是由直线段和圆弧曲线段组成，可应用草图工具栏中的线条工具和三点弧工具进行绘制。单击三点弧工具图标　后，软件自动切换到草图模式下。绘制圆弧曲线段时，栅格平面与网格面之间拟合的二维截面线草图可为其提供参考,如图 9-14(a)中高亮显示的参考曲线段和参考点。绘制完圆弧曲线段后,单击线条工具图标 ✎,以圆弧曲线段的端点为起点绘制直线段,如图 9-14(b)所示。最后应用创建圆角工具在直线段和圆弧曲线段之间创建一个圆角过渡,绘制完成后的扫掠体的扫描路径如图 9-14(c)所示。

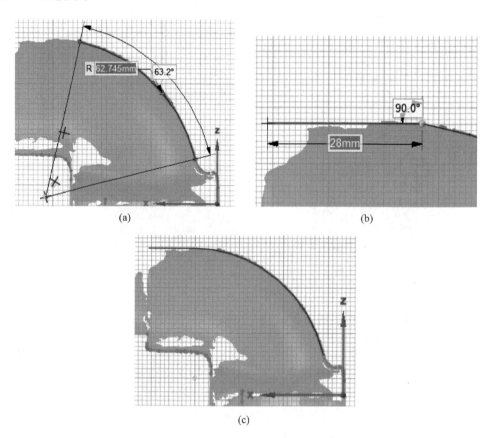

图 9-14　绘制扫掠体的扫描路径

(a) 绘制圆弧曲线段;(b) 绘制直线段;(c) 绘制完成的扫描路径

注意:绘制过程中,可根据操作人员的经验对扫描路径中各曲线段的参数值进行圆整处理,如圆弧曲线段的半径值。

绘制完成得到扫掠体的扫描路径后,单击三维模式工具图标 ▣,返回至三维模式下。再次单击剖面模式工具 ▣,并单击选中扫描路径中各曲线段中的某一端点,软件自动生成一个经过该端点并在该端点处垂直曲线段的栅格平面。同时,还会显示该栅格平面与网格模型相交而拟合的二维截面线草图,如图 9-15 所示。

由于扫掠体的截面是圆形,所以可应用草图工具栏中的圆工具进行绘制。单击三点圆工具或圆工具,以栅格平面与网格面之间的拟合的二维截面线草图中的曲线段和点为参考绘制圆。由绘制完成的扫掠体截面草图生成的截面平面与扫描路径如图 9-16 所示。

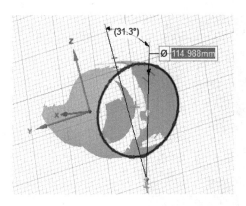

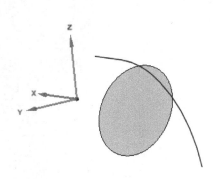

图 9-15　选择获取扫掠体截面线的栅格平面　　图 9-16　扫掠体的扫描路径与截面平面

5. 构造扫掠体特征

单击拉动工具图标 ✐，在结构面板中单击选中扫掠体的截面平面，再单击扫掠工具向导图标 ✐，然后在设计窗口中单击选中扫掠路径。在自动弹出的命令栏中，单击选择完全拉动工具向导，软件便根据所选择的扫掠路径及截面平面生成扫掠体如图 9-17 所示。

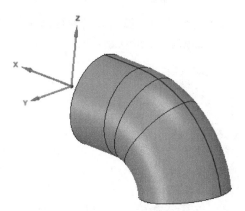

图 9-17　构造的扫掠体特征

步骤 3　提取三维规则特征并编辑

1. 提取阶梯孔的旋转轴和轮廓线

对于模型中的阶梯孔三维规则特征，可通过提取工具栏中的拟回旋转工具，得到旋转体特征后，再与拉伸实体进行布尔减运算以重构旋转孔特征。单击拟回旋转工具图标 ▨，并尽量选中较完全的阶梯孔区域处的网格面片。如果网格面片的不完整，选择该处的网格面片以拟合旋转体是无法重构得到完整的旋转体特征的。选中网格面片后，软件自动计算所选中的网格面片的曲率，并拟合得到阶梯孔的旋转轴和轮廓线如图 9-18 所示，黑色曲线段部分为轮廓线，蓝色直线段为旋转轴。

单击约束定向工具向导图标 ▨，然后单击坐标系中的 Z 轴，以约束拟合的旋转轴的方向，使其与 Z 轴平行。根据之前的规则特征提取经验，自动拟合得到的规则特征的参数通

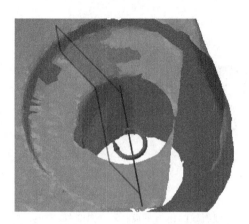

图 9-18　拟合得到的旋转体的旋转轴和轮廓线

常保留到千分位,另外,从阶梯孔的轮廓线线中也可以看到其中融合了小圆角特征。所以,可以不必直接提取阶梯孔的实体,而是先提取其轮廓线草图,编辑修改后再应用正向建模工具重构旋转体特征。在选线面板中默认的选项是"制作实体",单击选中"制作曲线"选项,然后在设计窗口中单击完成工具向导图标✅,即可转换到草图模式下对拟合的阶梯孔的旋转轴和轮廓线进行编辑修改,如图 9-19 所示。

　　在草图模式下,对旋转体的轮廓线中圆弧曲线段进行删除后,应用创建角工具将分离的曲线段封闭连接,形成的旋转体轮廓线如图 9-20 所示。

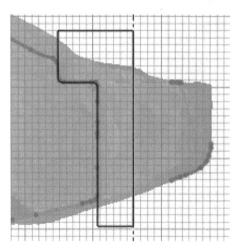

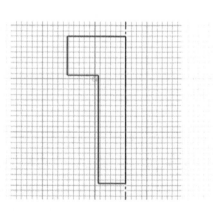

图 9-19　将旋转体的旋转轴和轮廓线转换到草图模式下　　　　图 9-20　编辑修改后的旋转体轮廓线

　　单击三维模式图标▣,转换到三维模式下对由旋转体封闭的轮廓线生成的平面和旋转体的旋转轴进行下一步编辑。单击拉动工具图标✐,在结构面板中选中由旋转体的轮廓线生成的平面,在设计窗口中单击旋转工具图标▣,然后单击选中旋转轴,如图 9-21(a)所示。并在自动弹出的命令栏中选择完全拉动,软件根据所选的平面及旋转轴所构造的旋转体如图 9-21(b)所示。另外,还可应用拉动工具对旋转体中的两个圆柱体的直径值进行圆整编辑,由于操作简单且前文中也已经详细介绍过,这里就不重复介绍了。

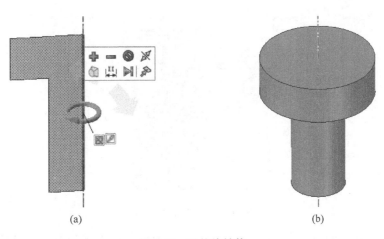

(a) (b)

图 9-21　重构旋转体

(a) 选择旋转轴；(b) 重构得到的旋转实体

2. 编辑重构得到的旋转体

由于各阶梯孔的大小和特征一样，就不必进行一一提取的复杂操作了，通过移动和镜像工具即可快速得到另外三个阶梯孔处的旋转体。在结构面板单击选中前文构造的旋转体后，在键盘中按"Ctrl＋C"和"Ctrl＋V"组合键（复制粘贴目标对象的快捷操作）。结构面板中便可得到并显示两个旋转体，勾选其中一个显示在设计窗口中，作为移动操作的目标对象。然后勾选网格（作为后续编辑操作的参考）及取消勾选旋转体的旋转轴（以免干扰后续编辑操作）。

单击移动工具图标 📐 ，在旋转体中自动弹出的移动手柄中（见图 9-22(a)），单击选择红色的轴线，按住鼠标以使光标朝轴线的箭头方向移动，可将旋转体沿红色轴线的方向移动至目标位置。在移动旋转体时，可参考网格面中阶梯孔的位置或修改并圆整移动的距离，以将旋转体移动至适当的位置处，移动操作后的旋转体如图 9-22(b)所示。

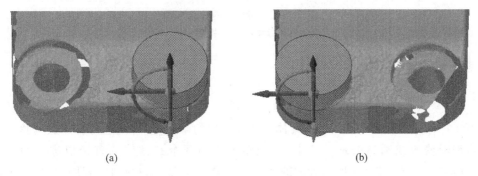

(a) (b)

图 9-22　移动旋转体

(a) 移动旋转体前；(b) 移动旋转体后

单击插入工具栏中的平面工具图标 ▱ ，以圆柱体的中心坐标系为参考，将光标移至坐标系上，软件将根据光标所在坐标轴预览将生成的平面效果，如图 9-23 所示。生成的平面，将作为对两个旋转体进行镜像操作的镜像平面。

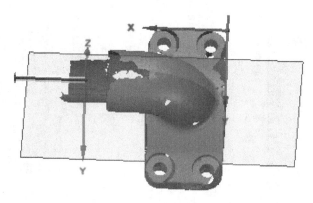

图 9-23 构建镜像平面

在结构面板中,勾选由平面工具所生成的平面和前文中得到的两个旋转体。单击插入工具栏中的镜像工具图标 ,在设计窗口中单击选择平面作为镜像平面,然后移动光标至旋转体上,可预览到镜像的结果,如图 9-24(a)右上角的阴影所示。在镜像主体工具图标激活的状态下,单击选中已存在的旋转体作为镜像主体,就可以完成对所选实体的镜像编辑。对两个旋转体镜像编辑后如图 9-24(b)所示。

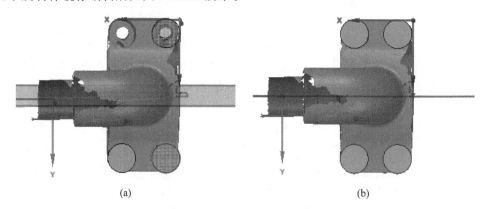

(a)   (b)

图 9-24 对旋转体的镜像编辑
(a) 预览镜像效果;(b) 镜像后的结果

步骤 4 细节编辑及组合操作

1. 细节编辑

对于拉伸体中的圆角值以及旋转体中各圆柱体的半径值,可通过拉伸工具对这些参数值进行编辑修改或圆整处理。其中,对旋转体中的两个圆柱体的直径值进行圆整处理(11.5mm,5.5mm),拉伸体四角处的圆角值与旋转体中较大的圆角值相同,拉伸体上的圆角值为:15mm,修改编辑后拉伸体与旋转体如图 9-25 所示。

2. 组合操作

应用组合工具的布尔减功能,对拉伸体和旋转体进行编辑以重构得到阶梯孔。单击组合工具图标 后,选择目标工具向导会自动激活。在设计窗口中单击选中拉伸体作为目标

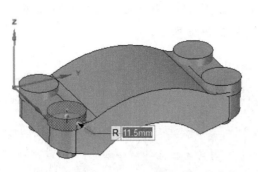

图 9-25 参数编辑修改后的旋转体与拉伸体

对象后，选择刀具工具向导便自动激活，单击选择旋转体作为刀具对象。然后移动光标并单击选择要删除的区域，如图 9-26(a)中的红色阴影区域。分别单击选择另外三个旋转体作为刀具对象，并删除相应区域以还原阶梯孔特征后的拉伸体如图 9-26(b)所示。

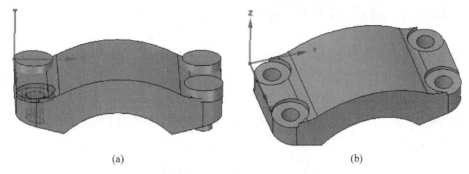

(a)   (b)

图 9-26 布尔减操作以构造阶梯孔
(a) 选择要删除的区域；(b) 重构阶梯孔后的拉伸体

接下来应用组合工具的布尔加功能，将拉伸体、圆柱体和扫掠体组合成一个完整的三维模型。还原得到阶梯孔特征后，可直接在设计窗口下继续编辑，不用退出组合工具状态，并在结构面板中勾选圆柱体和扫掠体使其显示在设计窗口。单击选中编辑后的拉伸体作为目标对象，再单击选择要合并的实体工具向导图标 ，以激活该工具向导，并在设计窗口中分别单击扫掠体和圆柱体作为要合并的实体对象，经组合后的模型如图 9-27 所示。

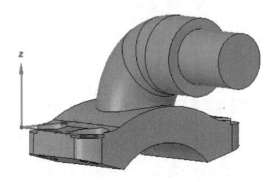

图 9-27 布尔加操作以合并实体

最后应用拉动工具对扫掠体和拉伸体的交线进行圆角(设置为 4mm)处理,最终重构得到的模型与网格面的对比如图 9-28 所示。

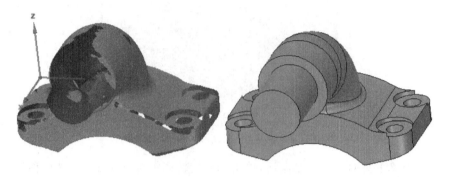

图 9-28　重构的实体模型与原始网格面

9.2　残缺齿轮数据建模实例

打开数据文件"齿轮",如图 9-29 所示,该工件的实体模型包括了圆锥体、旋转体、拉伸体和圆柱体等四种几何特征体,可在提取所有的实体特征后经布尔操作重构得到其实体模型。其中,圆锥体和圆柱体可由特征提取工具直接获取其实体特征;旋转体和拉伸实体需先经二维截面特征提取工具获取其截面线,并在草图模式下编辑修正后,再由正向建模工具编辑得到其实体特征。

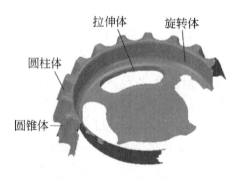

图 9-29　工件原始网格面

步骤 1　提取三维规则特征并编辑

1. 提取圆锥体

单击提取工具栏中的圆锥面工具图标△,并单击选择智能选择工具向导图标,然后在网格面上选择 3 个隶属于同一圆锥体的分面,软件便会自动拟合得到圆锥体预览效果,如图 9-30(a)所示。单击约束定向工具向导图标,再单击选中坐标系中的 Z 轴以约束圆锥体的轴线方向,然后单击完成工具向导图标以结束对圆锥体特征的提取并返回至三维模式。若提取得到的圆锥体高度低于网格面的高度,还需用拉动工具对其上表面进行拉伸,最终得到的实体模型如图 9-30(b)所示。

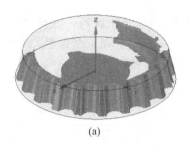
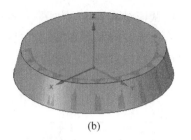

(a)　　　　　　　　　　　　　　(b)

图 9-30　提取圆锥体特征

(a) 选择圆锥体的网格分面；(b) 提取得到的圆锥体

2. 提取圆柱体

提取圆柱体特征前，先在结构面板中取消显示提取得到的圆锥体特征。单击提取工具栏中的圆柱面工具图标 ⬛ ，再单击选择智能选择工具向导图标 ⬛ 。在网格面模型上选择一个圆柱体的分面后，按住鼠标左键，并朝上移动光标以扩大选择区域，软件便会自动拟合得到圆柱体的预览效果，如图 9-31(a)所示。单击完成工具向导图标 ☑ 结束对圆柱体特征的提取并返回至三维模式，然后单击拉动工具图标 ✍ 并选中圆柱体的圆柱面，在弹出的参数对话框中对其参数进行圆整，如图 9-31(b)所示，将圆柱体的半径值(13.016mm)修改为：13mm。

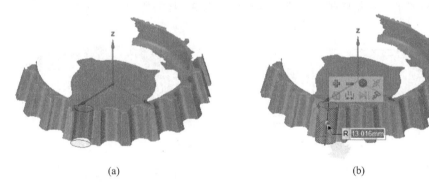

(a)　　　　　　　　　　　　　　　　　(b)

图 9-31　提取圆柱体特征

(a) 选择圆柱体的网格分面；(b) 编辑提取得到的圆柱体的半径值

步骤 2　提取旋转体的截面线并编辑

单击提取工具栏中的拟回旋转工具图标 ⬛ ，并单击选择智能选择工具向导图标 ⬛ 。在选项面板中选中"制作曲线"选项，然后在网格面模型上选择属于旋转体的网格分面，软件便会自动拟合得到旋转体的截面线和旋转轴的预览效果，如图 9-32 所示。单击约束位置工具向导图标 ⬛ ，再单击选择坐标系中的 Z 轴以约束旋转体的旋转轴的位置，使其与 Z 轴重合。单击完成工具向导图标 ☑ ，软件便自动切换至草图模式下，可对提取的旋转体的截面线进行编辑。

图 9-32　旋转体的截面线草图和旋转轴

提取得到的截面线和旋转轴如图 9-33(a)所示，单击选中旋转体截面线中的底边线，以网格剖面中拟合的点或线段为参考，按住鼠标左键将其拉伸至恰当位置。将旋转体的梯形截面线中右侧的斜直线段删除，并重新绘制得到长方形的截面线如图 9-33(b)所示。

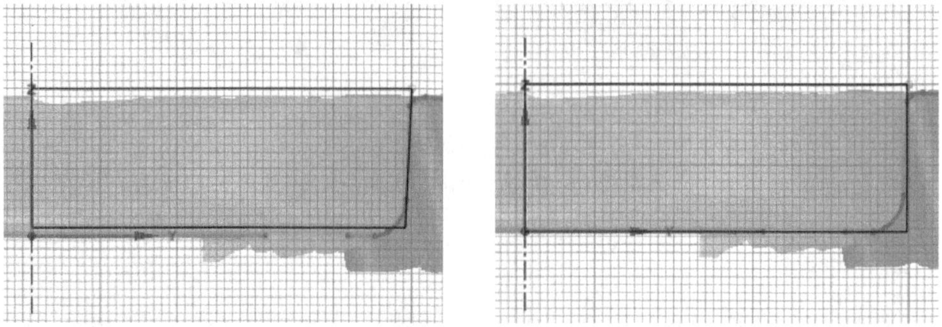

(a) (b)

图 9-33 旋转体的截面线与旋转轴

(a) 直接提取的截面线草图；(b) 编辑后的截面线草图

单击三维模式工具图标，旋转轴和经编辑后的封闭截面线自动生成的截面平面如图 9-34(a)所示。单击拉动工具图标，选中平面作为要进行旋转操作的目标对象。单击旋转工具向导图标，选择旋转轴，并在弹出的命令栏中，单击选择完全拉动工具向导，软件根据所选择的平面和旋转轴所生成的旋转体如图 9-34(b)所示。

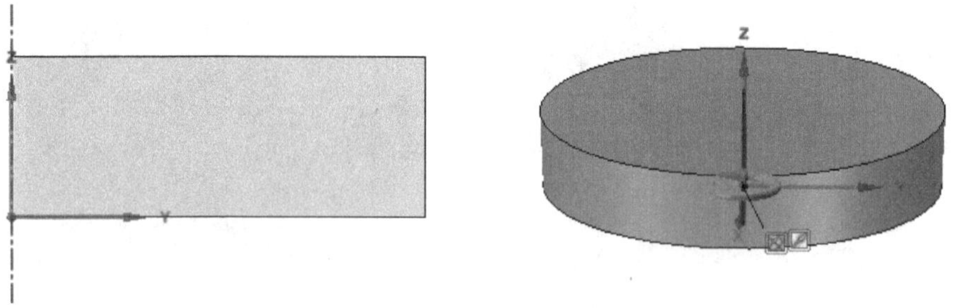

(a) (b)

图 9-34 构造旋转体实体模型

(a) 截面线生成的截面平面；(b) 构造的旋转体实体

步骤 3 提取拉伸实体的边界线并编辑

提取拉伸体特征前，需先在结构面板中取消显示之前操作所提取得到的旋转体特征，以免影响对拉伸体部分网格面的选取。单击提取工具栏中的拟合挤压工具图标，并单击选择智能选择工具向导图标。在选项面板中选中“制作曲线”选项，然后在网格面上选择属于拉伸体的网格分面，软件便会自动拟合得到拉伸体的边界线的预览效果，如图 9-35 所示。单击约束定向工具向导图标，再单击选择坐标系中的 Z 轴以约束拉伸体边界线所在平面的法线方向，使其与 Z 轴平行。单击完成工具向导图标，软件便自动切换至草图模式下，可对提取的拉伸体的边界线进行编辑。

由于直接提取得到的拉伸体的边界线是由多段曲线段首尾连接而成的，如图 9-36(a)中高亮显示的圆弧曲线段为边界线中的一部分。对由这些曲线段构成的截面平面进行拉伸，

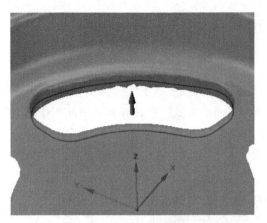

图 9-35　提取拉伸体边界线的结果预览

重构得到的拉伸实体的单一侧面会被分割成多个小曲面(见图 9-36(b)),这样重构得到的拉伸实体模型精确度不高。

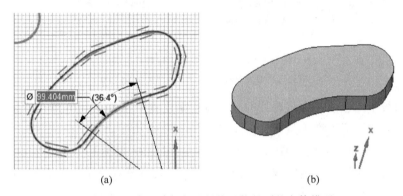

(a)　　　　　　　　　　(b)

图 9-36　未经编辑的边界线重构得到的实体模型

(a)提取的拉伸体的边界线;(b)重构得到的实体模型

先将直接提取到的拉伸体的边界线删除,再单击草图工具栏中的样条曲线工具图标 [图标],并根据网格剖面中拟合的点和曲线段为参考,绘制拉伸实体的边界线———一条完成的样条曲线(见图 9-37(a))。绘制完成后单击三维模式工具图标 [图标],应用拉动工具对由边界线生成的截面平面进行拉伸,重构得到的实体模型如图 9-37(b)所示。

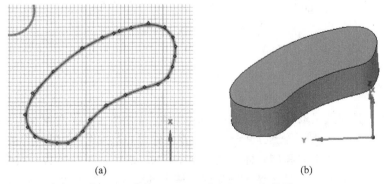

(a)　　　　　　　　　　(b)

图 9-37　编辑的边界线重构得到的实体模型

(a)绘制的拉伸体的边界线;(b)重构得到的实体模型

步骤4 阵列、布尔操作及参数编辑

1. 阵列操作

在结构面板中选中已在设计窗口中显示的拉伸实体作为需进行阵列操作的对象,再单击插入工具栏中的圆形阵列工具图标 ,并在阵列选项面板中,设置阵列参数,如图9-38(a)所示。这时,设计窗口中方向工具向导 已激活,单击选中坐标系中的 Z 轴作为对拉伸实体进行圆形阵列的中心轴。单击完成工具向导图标 ,得到阵列结果如图9-38(b)所示。

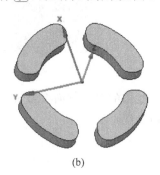

(a)   (b)

图 9-38 拉伸体阵列编辑
(a)阵列选项面板中的参数;(b)阵列操作后的结果

在结构面板中勾选前文中提取到的圆柱体并单击选中需要进行阵列操作的对象,再单击插入工具栏中的圆形阵列工具图标 。在阵列选项面板中,修改阵列参数,如图9-39(a)所示。这时,设计窗口中方向工具向导 已激活,单击选中坐标系中的 Z 轴作为对圆柱体进行圆形阵列的中心轴。单击完成工具向导图标 ,得到阵列结果如图9-39(b)所示。

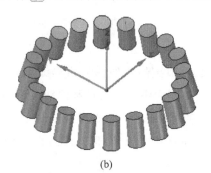

(a)   (b)

图 9-39 圆柱体阵列编辑
(a)阵列选项面板中的参数;(b)阵列操作后的结果

2. 布尔操作

在结构面板只勾选提取得到的圆锥体和旋转体,取消其他实体对象在设计窗口中的显示。单击组合工具图标 ,再分别单击选中圆锥体作为目标对象、旋转体作为刀具对象,软件即可红色高亮显示圆锥体和旋转体之间的交集区域,并删除了旋转体中除交集以外的实体部分,如图9-40(a)所示。当选择要删除的区域工具图标 处于激活的情况下,单击红色高亮显示的交集区域,即可删除交集实体部分,如图9-40(b)所示。操作完成后,无须返回至三维模式,可在结构面板中直接选择其他实体对象进行下一步的布尔操作。

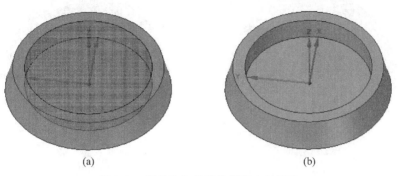

(a)　　　　　　　　　　　　　　(b)

图 9-40　圆锥体与旋转体间的布尔操作

(a) 圆锥体与旋转体之间的交集区域；(b) 删除交集区域后的实体

在结构面板中勾选拉伸体的阵列结果以在设计窗口中只显示布尔减操作后的圆锥体和阵列后的拉伸体,分别单击选中圆锥体作为目标对象、拉伸体作为刀具对象,软件即可红色高亮显示圆锥体和拉伸体之间的交集区域,并删除了拉伸体中除交集以外的实体部分,如图 9-41(a)所示。当选择要删除的区域工具图标处于激活的情况下,单击红色高亮显示的交集区域,即可删除交集区域的实体部分,将其余三个拉伸体与圆锥体之间的交集区域删除后的实体模型如图 9-41(b)所示。

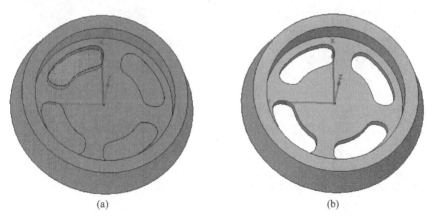

(a)　　　　　　　　　　　　　　(b)

图 9-41　圆锥体与拉伸体间的布尔操作

(a) 圆锥体与一个拉伸体之间的交集区域；(b) 删除交集区域的实体后

在结构面板中勾选圆柱体的阵列结果以在设计窗口中只显示布尔减操作后的圆锥体和阵列后的圆柱体,分别单击选中圆锥体作为目标对象、圆柱体作为刀具对象,软件即可红色高亮显示圆锥体和圆柱体之间的交集区域,并删除了圆柱体中除交集以外的实体部分,如图 9-42(a)所示。当选择要删除的区域工具图标处于激活的情况下,单击红色高亮显示的交集区域,即可删除交集区域的实体部分。将其余 19 个圆柱体与圆锥体之间的交集区域删除后的实体模型如图 9-42(b)所示。

最后,单击拉动工具图标,选择实体模型中旋转体底部与圆锥体的交线(图 9-43(a)中高亮显示的圆形曲线),然后在键盘上输入 9 并按 Enter 键确认,即可在该交线处生成半径为 9mm 的圆角特征,如图 9-43(b)所示。

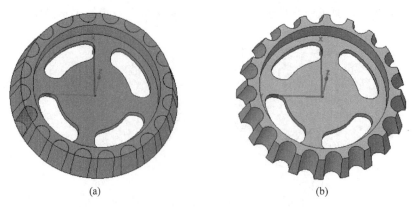

(a)　　　　　　　　　　　　　(b)

图 9-42　圆锥体与圆柱体间的布尔操作

（a）圆锥体与一个圆柱体之间的交集区域；（b）删除交集区域后的实体

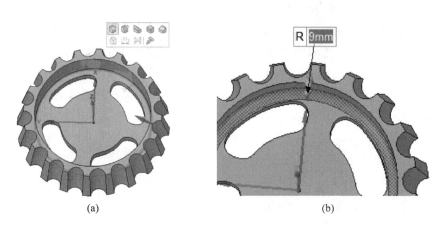

(a)　　　　　　　　　　　　　(b)

图 9-43　构造圆角特征

（a）选中圆锥体与旋转体之间的交线；（b）创建的圆角特征

9.3　水龙头模型建模实例

打开文件模型"水龙头"，如图 9-44 所示，在本实例中，应用逆向工程建模方法和截面形状特征约束建模方法，对某水龙头零件进行模型重建。对于该模型的重构，主要用到了 Geomagic Design Direct 软件中的拉伸、拟合圆柱、球面、扫掠、拟合挤压等命令，在本实例中，首先提取规则特征并编辑，比如喷头、阀门、底座，然后编辑水管的截面线重构水管，最后经过布尔运算，重构得到水龙头的实体模型。

具体操作步骤如下：

（1）提取并编辑喷头处的圆柱体特征。首先提取喷头所在圆柱的表面特征，选择提取工具栏中的"拟合圆柱面"命令图标 。此时，在设计窗口的工具向导中已自动激活智能选择工具向导，将鼠标放在喷头（圆柱体）的网格面上单击

图 9-44　水龙头网格面

以选中网格面片,并按住鼠标左键向上方拖动以扩大网格面片的被选中区域,如图 9-45(a)
出现红色显示部分。软件自动拟合提取得到圆柱体特征后,单击完成工具向导图标☑,以
完成喷头特征的实体重建。另外,还可根据需要对提取得到的喷头圆柱体特征进行参数化
设计:选择编辑工具栏中的"拉动"命令 ✎,用鼠标左键单击喷头圆柱体的下表面,并按默
认的方向进行拉伸操作;再右击,在弹出的工具导航面板中,选择"直到"命令 ✎,并选择网
格面模型中的圆柱端面作为直到面,拉伸处理后的圆柱体的高度值更加逼近原始高度值。
拉伸处理后的圆柱体如图 9-45(b)所示。

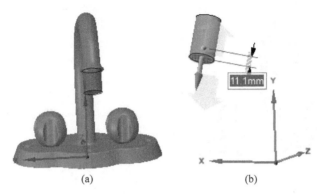

(a)　　　　　　　　　　　　　　　(b)

图 9-45　提取模型圆柱面特征并完成参数化重构
(a) 拟合圆柱面特征;(b) 设置参数

　　(2) 提取并编辑底座处的拉伸拔模实体特征。选择"拟合挤压"命令图标 ◙,提取水龙
头底座的表面特征如图 9-46(a)所示,因为其底座是有一定拔模角度的拔模实体,这时需要
勾选选项对话框中的"拔模拉伸"选项,然后选择工具向导中的"约束定向"命令 ◙ 并选中
Y 轴,以约束底座实体上表面的法线方向,使其与 Y 轴平行。最后选择"完成"命令 ☑,以
完成对拔模实体的重建,单击重建后的底座,然后选择"直到"命令 ✎,并选择网格面模型
中的底座的上端面作为直到面,这样可以使底座的高度更加接近原始的尺寸,如图 9-46(b)
所示。

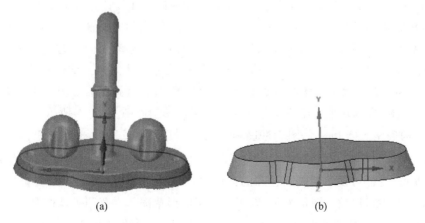

(a)　　　　　　　　　　　　　　　(b)

图 9-46　提取底座表面特征并完成拔模重构
(a) 提取表面特征;(b) 拟合拔模实体

（3）提取并编辑球体阀门处的球面特征。选择"拟合球面"命令图标 ⬤ ，在智能选择工具向导激活的情况下，单击选中一个球体阀门的网格面片，然后单击"拟合球面"工具中的工具向导中的"优化选择"命令 ⬕ ，以扩大阀门处网格面的被选中区域（见图 9-47(a)）；最后单击"完成"命令 ✅ ，以完成阀门实体中球体部分的重构。另外，可以适当调整阀门球体的半径值，在这里我们圆整为25mm。在结构面板中取消勾选网格面(mesh)选项，以在设计窗口中隐藏网格面模型并突出显示提取的阀门圆柱体特征，如图 9-47(b)所示。

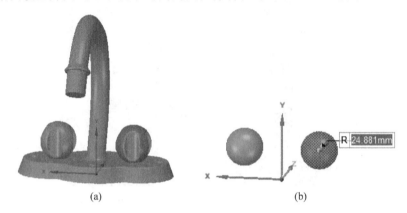

图 9-47　提取阀门表面特征并完成重构

(a) 拟合球面特征；(b) 设置参数

（4）提取编辑球体阀门中的圆柱体凹槽特征并组合实现球体阀门特征的重构。选择"拟合圆柱面"命令 🔩 ，选择要进行提取的球体阀门特征中圆柱体凹槽的网格面区域。选择完成后，按住鼠标左键并向上拖动光标以扩大选中的圆柱面区域，松开左键，这时软件会拟合得到圆柱面轮廓，如图 9-48(a)所示。在工具向导中单击"优化选择"命令 ⬕ 为选择的区域进行优化选择处理，最后选择"完成"命令 ✅ ，完成该圆柱体的重构。对两个球体阀门特征中的圆柱体凹槽逐一提取后，得到的所有圆柱体特征如图 9-48(b)所示。在结构面板中隐藏网格面模型，让提取得到底座、球阀和圆柱体在设计窗口中更直观地显示（见图 9-48(c)）。单击"组合"命令 🧊 后，"选择目标"工具向导会自动激活。在设计窗口中单击选中球阀特征的球体特征作为目标对象后，"选择刀具"工具向导命令 🔲 便自动激活，这时单击选择圆柱体作为刀具对象，然后移动光标并单击选择要删除的区域（移动光标至选择要删除的区域上时，会红色高亮显示）。经组合工具的布尔减运算以构造球体阀门上的圆柱体凹槽特征后，按住 Ctrl 键同时选择两个球体阀门和底座实体特征，然后选择组合工具下的"选择要合并的实体"命令 🧊 ，将这 3 个实体特征合并成一个实体模型如图 9-48(d)所示。

（5）重构底座实体上的 4 个圆柱孔特征。选择"草图模式"命令 🖼 ，把栅格平面定义在坐标系 XZ 平面上，并选择"移动栅格"命令 🔧 ，沿着 Y 轴正方向移动到底座网格面模型的中间位置即可，这样可便于绘制圆柱孔的截面线。选择"平面图"命令 🖼 ，使栅格正视于设计者，滚动鼠标中键以放大图形显示，以便于绘制圆形草图。在草图工具栏中选择绘制"圆"命令 ⬤ ，因为 4 个圆柱孔的大小是一样的，只需要在网格面的左边和下边分别绘制一个圆，则另外两个圆通过选择编辑工具栏中的"移动"命令 🖊 ，并勾选移动选项对话框中的"创建阵列"选项（为了将所选对象的副本拖到另一位置），然后单击所绘制的待移动的圆，并选择

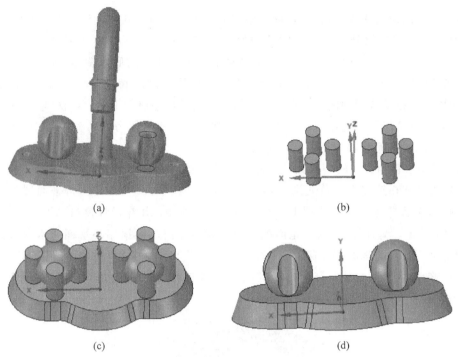

图 9-48　模型重构后的主要部分

(a) 拟合单个圆柱面特征；(b) 多个圆柱体特征；(c) 特征组合；(d) 3 个特征布尔运算

移动的方向(将鼠标放在要移动的坐标轴上直至为高亮显示)，同时按住鼠标左键沿所选轴线方向拖动，通过调整两个孔之间的距离，将其移动到合适的位置，并根据实际情况对圆柱孔进行参数化设置，如图 9-49(a)所示。

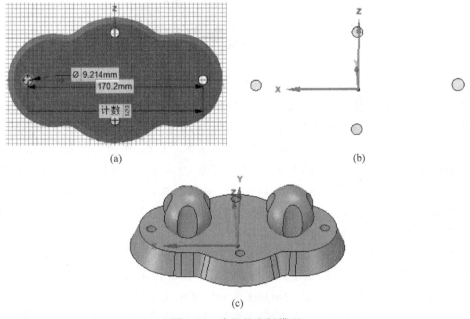

图 9-49　完整的底板模型

(a) 设置圆柱孔位置；(b) 生成圆柱孔平面；(c) 生成圆柱孔

对圆柱孔的设置完成后,在结构面板中取消勾选网格面使其在设计窗口中隐藏,再单击"三维模式"命令 ▣,绘制的 4 个封闭的圆形草图曲线切换至三维模式下时便自动封闭成 4 个圆形小平面,如图 9-49(b)所示。在结构树中勾选重建后的底座模型,选择"拉动"命令 ✐,并在结构树中选中"表面"(绘制的圆柱面),用鼠标左键向底座上端拉动直至凸出上端面,然后再选择拉动选项中的"切割"命令 ▭,并按住鼠标左键向上端面的法线反方向拖动,会生成圆柱孔(这里运用的是拉动切除的功能,就是把一实体作为刀具去切除另一实体),最终生成完整的底板模型,如图 9-49(c)所示。

(6) 绘制水管扫掠体的扫描路径。水管实体特征为扫掠体,重构水管的实体特征需绘制其扫掠路径和扫掠截面。首先选择插入工具栏中的"平面"命令 ▱,将平面置于坐标系 YZ 平面内,然后选择模式工具栏中的"草图模式"命令 ▨,并在设计窗口的下方选择"平面图"工具向导命令 ▣,以便使栅格正面朝向设计者的方向。根据栅格平面与水龙头网格面模型相交时所拟合的截面线和截面点,单击选择草图工具栏中的"样条曲线"工具命令 ↻ 绘制扫掠路径,在绘制扫掠路径的过程中,尽可能地让样条曲线上的点接近网格面上的参考点,如图 9-50 所示。

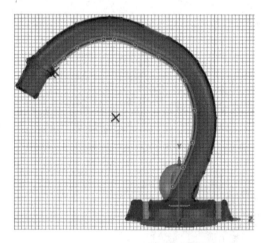

图 9-50　绘制扫描引导线

(7) 绘制扫掠体截面。单击选择插入工具栏中的"平面"命令 ▱,以该平面为栅格平面并在该平面上重新绘制扫掠体截面的截面线草图。将鼠标放在已绘制的扫掠路径曲线上的某一点上,待平面与扫掠路径垂直时按下鼠标左键如图 9-51(a)所示。单击模式工具栏中的"草图"模式 ▨,同时在设计窗口的下方选择"平面图"命令 ▣,以便使栅格正面朝向设计者的方向,滚动鼠标中键可以放大横截面,以便于绘制截面线。因为其横截面为圆形状,所以在草图工具栏中选择"圆"命令 ◉,绘制扫掠体截面的圆形截面线草图,如图 9-51(b)所示,另外还可对圆形曲线的参数值进行圆整编辑。

(8) 构造扫掠体特征。在模式工具栏中选择"三维模式"命令 ▣,在结构面板中取消勾选其他的实体和网格面模型,以免在构造扫掠体时干扰对特征的选择。让绘制的扫掠路径曲线和由封闭的截面线草图所生成的圆形平面同时显示在窗口中,如图 9-52(a)所示。单击编辑工具栏中的"拉动"工具命令 ✐,同时在结构树中选中绘制的扫掠路径样条曲线,再单击选择工具向导中的"扫掠"命令 ✑,并单击选中绘制的扫掠体的圆形截平面,然后在自动

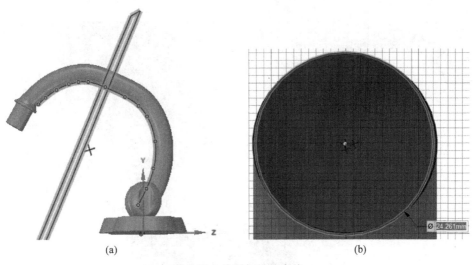

图 9-51　绘制扫描轮廓线

(a) 生成截面；(b) 绘制截面圆

显示在设计窗口中的工具导航中选择"同时拉两侧"命令 ，如图 9-52(b)所示，最后按住鼠标左键往上拖动以构造扫掠体，得到的扫掠实体特征如图 9-52(c)所示。

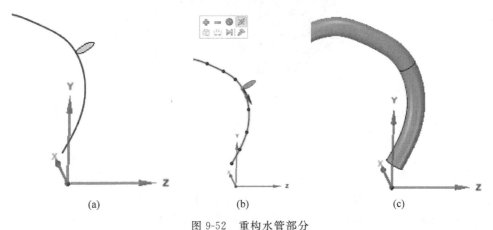

图 9-52　重构水管部分

(a) 显示截面形状和扫描路径；(b) 扫掠；(c) 生成扫掠实体

(9) 绘制旋转特征的轮廓线。在水龙头喷头的上方有旋转体特征，需要先绘制其截面轮廓线，再应用拉动工具重构其实体特征。选择模式工具栏中的"剖面模式"命令 ，并将栅格平面放置在坐标平面 YZ 平面内，在设计窗口的下方选择"平面图"命令 ，以便使栅格正面朝向设计者的方向，如图 9-53(a)所示。选择草图工具栏中的"三点弧"命令 ，为了便于观察，同时滚动鼠标中键将图形放大，并将鼠标的箭头放在要绘制圆弧的网格面上，这时在网格面上会出现一些参考点，选取要绘制圆弧的起点和终点，绘制的圆弧如图 9-53(b)所示，然后选择"线条"命令 ，绘制封闭的旋转轮廓线草图，如图 9-53(c)所示。

(10) 构造旋转体特征。绘制完旋转轮廓线草图后，选择模式工具栏中的"三维模式" ，在结构面板中取消勾选网格面和其他重建实体，仅让绘制完的表面和圆柱体显示在设计窗口中，显示圆柱体是因为在旋转过程中要借助圆柱体的轴线作为旋转中心轴，如

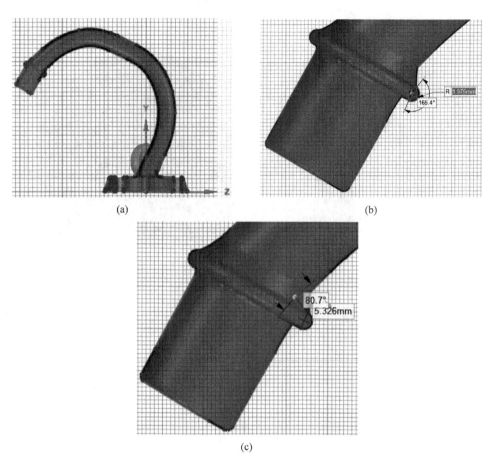

图 9-53　绘制旋转轮廓线

（a）生成截面；（b）绘制圆弧；（c）绘制旋转体轮廓

图 9-54（a）所示。单击选择编辑工具栏中的"拉动"命令 ，选中由绘制的封闭的旋转轮廓线生成的旋转体截平面作为旋转对象，再选择工具向导中的"旋转"命令 ，同时选中圆柱体的轴线，并选择"完全拉动"命令 ，如图 9-54（b）所示，重构得到的旋转体特征如图 9-54（c）所示。

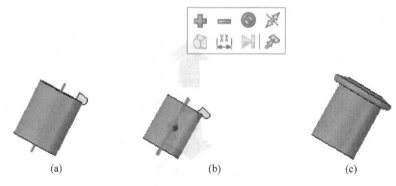

图 9-54　构造旋转体

（a）显示旋转体特征；（b）旋转命令；（c）生成旋转体

（11）拉伸水管扫掠体的两个端面。在结构面板中隐藏网格面，让重构的部分同时显示在设计窗口中，如图 9-55（a）所示，从图中可以看出，水龙头管与底座和前端的喷头处没有连接为一体。选择编辑工具栏中的"拉动"命令 ，用鼠标左键选中水龙头管的一个端面，并选择"直到"命令 ，如图 9-55（b）所示，然后单击该端面要拉伸到的另外一表面，软件会保持扫掠体端面的延伸方向，在这两个平面之间生成融合实体，最后得到的整个模型的重构如图 9-55（c）所示。

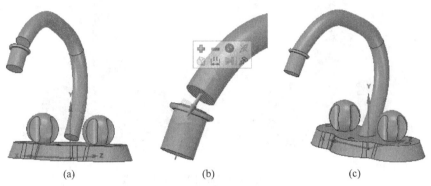

(a)　　　　　　　　　　(b)　　　　　　　　　　(c)

图 9-55　重构完整的水龙头模型

（a）显示构造实体；（b）拉动操作；（c）拉动后实体

（12）创建圆角特征。从原始的网格面模型上可以发现，网格面模型中存在一些圆角特征，可应用拉动工具在面面之间的交线处创建圆角特征。在结构面板中隐藏网格面模型，只让重建后的水龙头实体模型显示在设计窗口中。选择编辑工具栏中的"拉动"命令 ，单击选中要倒圆角的边线，然后在键盘上输入该边线上圆角特征的半径值，对圆角的半径进行修改，如图 9-56 所示。在模型中对水龙头的喷嘴，水管与底座的连接处等部位进行倒圆角处理，圆角均设置为 1.5mm，设计者也可自行进行修改。

R 1.5mm

图 9-56　对喷头倒圆角处理

为了方便和原始网格面对比,观察其重建效果,可以选择编辑工具栏中的"移动"命令 ,然后选择结构面板中的网格面模型,并沿 X 轴方向移动,即可将原本重合的网格面模型和重构得到的实体模型分离显示在设计窗口中以进行对比,如图 9-57 所示。

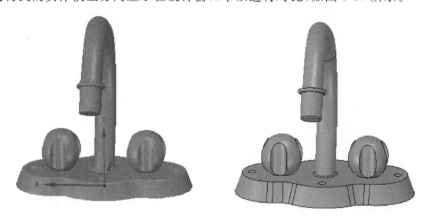

图 9-57　原始网格面与重建后的模型

9.4　吉他模型建模实例

打开文件中的"吉他"网格面数据,如图 9-58 所示,通过分析该吉他模型的几何结构特点,可以发现其中主要包含了拉伸体、圆柱体两种几何特征。拉伸体可由二维截面草图提取编辑或拟合挤压功能重构得到,圆柱体可由三维规则特征提取编辑功能重构得到。本实例中将首先对吉他外形实体进行拟合,再按照特征 1 到特征 4 的顺序对拉伸体进行构造并去除,最后对孔及倒角等面部特征进行处理。

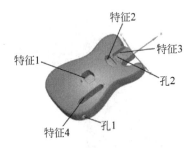

图 9-58　吉他模型特征分析图

步骤 1　构建基准平面

首先,根据实物模型的特征,将实物模型置于合适位置,然后选择一个平面作为基准平面进行 CAD 模型的创建。单击"提取"工具栏组中的"拟合平面"图标 ,再单击设计窗口中的"智能选择"工具向导图标 ,在设计窗口中单击吉他的底面,将其选为基准平面(智能选择工具向导可计算所选的网格面的曲率值并以其为参考,在一定的误差范围内,延伸选中该网格面片周围具有相似曲率值的网格面片),如图 9-59(a)所示,可以单击设计窗口中的"优化选择"工具向导图标 ,软件将根据创建的曲面类型和对话框中的设置对选择区域进行一系列的优化处理,优化后如图 9-59(b)所示,单击"约束定向"工具图标 ,然后单击 Y 轴,使基准平面垂直 Y 轴方向,最后单击"完成"图标 ,以底面为基准平面的面拟合完成,如图 9-59(c)所示。

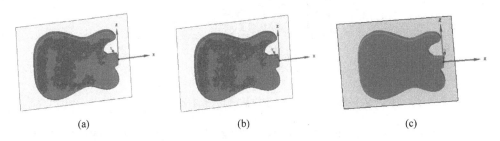

图 9-59　选择吉他模型的底面以生成基准平面

(a) 智能选择的吉他底面区域；(b) 优化选择后的吉他底面区域；(c) 创建基准平面

步骤 2　获取并编辑吉他二维截面的轮廓线

通过观察吉他实物模型的外部特征可以看出,吉他的上表面不是平面,而是自由曲面,如图 9-60 所示,因此,不能由拉伸工具直接得到吉他外形的 CAD 模型。可以通过拟合自由工具与截面模式相结合来完成模型的重构。

单击剖面模式工具图标 ,进入剖面模式以获取吉他二维截面的轮廓线草图。将光标移动到与基准平面重合的位置并单击,即可把网格截面固定到此处。此时,网格截面中会显示出此处的轮廓线,如图 9-61 所示。不难看出,此处获取的吉他的二维截面轮廓线的质量不理想,需要重新选择截面位置,以获取较高质量的吉他二维截面轮廓线。

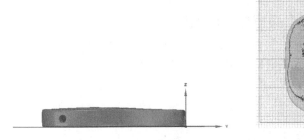

图 9-60　吉他实物模型

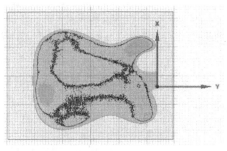

图 9-61　网格面与基准面重合

在截面模式下,设计窗口中模型的下方会显示如图 9-62 所示的 4 个工具按钮。这里,需要运用移动栅格工具来沿着一定的方向移动截面的位置,从而获取新的吉他的二维截面轮廓线。单击移动栅格工具图标 ,网格截面上会出现移动操作的参考坐标系,通过单击选中不同的轴并同时移动鼠标使网格截面沿着轴的方向移动。也可以单击选中不同轴之间的蓝色圆弧使网格截面沿着轴转动。移动网格截面后,新的截面轮廓线如图 9-63 所示。

图 9-62　4 个工具按钮

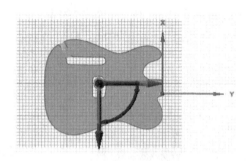

图 9-63   合适的截面轮廓线位置

接下来,运用正向建模模块,对轮廓线进行编辑。在草图模式下,草图工具栏组中的各种工具都可以用来对草图进行编辑。根据截面网格中已有的吉他轮廓线,利用草图工具栏组中的样条曲线、直线、创建角等工具,描绘出一个新的更加完整的轮廓线,如图 9-64所示。

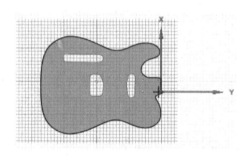

图 9-64   修改后的截面轮廓线

步骤 3   对吉他二维的轮廓面进行拉伸以构造实体

由于吉他实体模型的上表面是自由曲面,因此,需要先拟合出上表面。单击拟合自由工具图标 ,软件会使用智能选择功能根据网格形状选择分面,从而拟合出吉他上表面的自由曲面,如图 9-65所示。

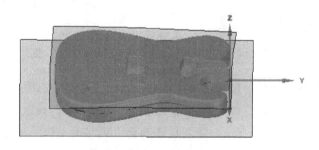

图 9-65   拟合出的吉他上表面

根据以上的基准平面、二维的吉他轮廓面和吉他上表面的自由曲面,分别通过拉伸二维的吉他轮廓面到基准平面和吉他上表面的自由曲面,即可重构出吉他的外形 CAD 模型。

单击拉动工具图标 ,在设计窗口中,将光标移动到步骤 2 中获取的吉他轮廓截面上,此时吉他轮廓面会被显示成深色,同时有上下显示的箭头指示拉动的方向为向上或向下。单击直到工具图标,单击基准平面。然后,再次把光标移动到吉他轮廓截面上,当吉他轮廓面显示成深色时,表示其被选中,单击二维的吉他轮廓面,同时显示出箭头指示的拉动方向为向上或向下。单击直到工具图标,再单击吉他上表面的自由曲面,重构出的吉他的外形CAD模型如图9-66所示。

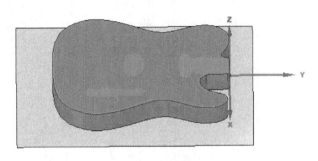

图 9-66　重构出的吉他外形 CAD 模型

步骤4　通过拟合挤压重构特征 1

特征1是一个凹槽特征,可以通过拟合挤压重构出槽内的拉伸实体,然后通过布尔运算裁剪掉实体,即可形成特征1。单击提取工具栏组中的拟合挤压工具图标,在设计窗口中,单击智能选择工具图标,单击后软件会成片拾取网格面,按住 Shift+单击可以同时拾取多片网格面。但是多片网格面之间会出现不连续的情况,如图9-67(a)所示。

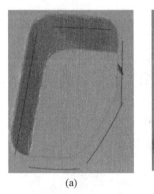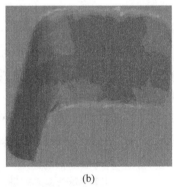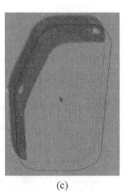

(a)　　　　　　　　　　(b)　　　　　　　　　　(c)

图 9-67　拾取网格面和截面轮廓线

(a) 调整前；(b) 调整选择区域；(c) 调整后

此时,需要进行手动选择使所选区域更加完整。单击常规选择工具图标,根据默认选择工具选择区域,单击以确定矩形框的起点,然后拉动鼠标框选出的区域会显示成红色,使两片间隔的红色网格面相连接起来即可,如图9-67(b)所示。最后,拾取的连续网格面和截面轮廓线,如图9-67(c)所示。在设计窗口中,单击选项,会自动弹出选项对话框,如图9-68所示。

选择制作曲线复选框,然后单击完成图标进入草图模式,由于提取的截面轮廓线不完整,需要对特征1的轮廓线进行修改和再设计,修改前后的效果如图9-69所示。

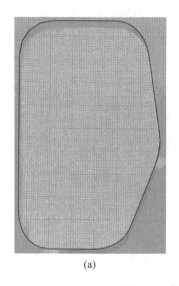 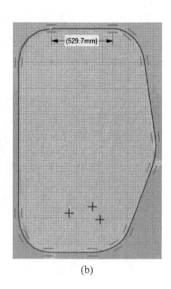

(a)　　　　　　　　　　(b)

图 9-68　选项对话框

图 9-69　提取截面轮廓

(a) 修改前；(b) 修改后

　　草图中的线段和圆弧可以进行参数化设置,使它们的尺寸和位置按照设计者的要求来修改。完成特征1截面轮廓线的修改和再设计后,单击拉动工具图标,然后移动光标到特征1的截面上,同时单击,设计窗口中会显示如图 9-70 所示的拉动方向和拉动选项。然后,单击直到工具图标,由于特征1的底面被截面所遮挡,无法单击选取,需要在结构面板中隐藏截面,去掉表面复选框前面的勾选,使底面显示出来,如图 9-71 所示,然后单击特征 1 的底面,就可以形成特征1内的部分拉伸实体,单击选中特征1的截面不放,同时移动鼠标向上拉动到合适位置,形成特征1内的整个实体模型,如图 9-72 所示。

 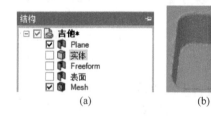

(a)　　　　　　(b)

图 9-70　拉动方向

图 9-71　显示底面

(a) 结构复选框；(b) 显示底面效果

　　为了在已经重构好的吉他外形模型上面形成特征 1,需要进行布尔减运算。先将吉他外形实体和特征 1 实体同时显示出来,单击组合工具图标,然后单击吉他的外形实体,选中后吉他的外形实体会被显示成浅绿色,再单击需要去除的特征1实体(见图9-72),此时特征1实体会显示成浅红色,继续单击,特征1实体就会被去除,去除特征1实体后如图9-73所示。

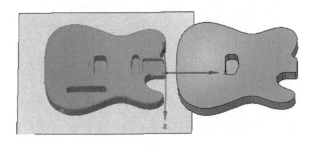

图 9-72　特征 1 实体模型　　　　图 9-73　去除特征 1 后的实体模型与网格模型的对比

步骤5　通过提取截面轮廓线并修改重构特征2

提取特征2截面轮廓线之前,先将布尔操作处理后的重构的吉他模型隐藏起来,这样便于后面的拟合操作。去掉选项面板中选项内实体复选框前的勾选,就可以把重构的吉他实体模型隐藏(类似的操作可以用于隐藏其他的元素,如平面、曲面、实物模型等)。单击剖面模式工具图标 █,选择预设的基准平面为放置剖面的平面,单击基准平面,剖面会与基准平面重合,如图9-74所示。

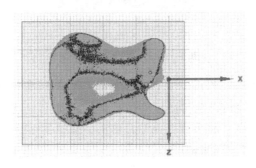

图 9-74　剖面与基准平面重合

此时,截面网格中无法获取特征2的截面轮廓线,必须移动剖面的位置来获取特征2的截面轮廓线。单击设计窗口下方工具图标 █,剖面上会出现移动操作的参考坐标系,以它作为移动剖面的基准。具体操作和前面的操作方法相似,把剖面移动到合适位置后,比较完整的特征2的截面轮廓线会显示在网格平面中。从网格平面中可以看出,特征2的截面轮廓线是不规则的。所以需要利用草图模块的再设计功能对轮廓线进行修改和再设计,处理后的截面轮廓线如图9-75所示。

然后,根据修改和再设计后的截面轮廓线拉伸出特征2的实体模型,单击拉动工具图标 ◈拉动,移动光标到截面上,此时截面会显示成深色,单击截面后,截面处会出现拉动方向和拉动选项框,向上拉动截面,形成特征2内的部分实体模型。然后,将截面向下拉动,形成完整的特征2内的实体模型。由于特征2的底面被拉伸出的实体模型遮挡,需要先将实物

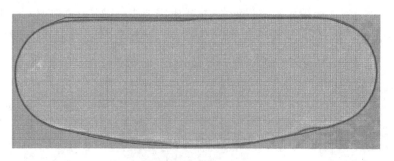

图 9-75 再设计后的轮廓线

模型隐藏,然后向上拉动截面低于第一次拉动的位置,再次显示实物模型,这时特征 2 的底面就可以从设计窗口中直接看见,单击截面,然后单击直到工具图标 ,将光标移动到特征 2 的底面合适位置单击,即可形成完整的特征 2 的拉动形成的实体模型,如图 9-76 所示。

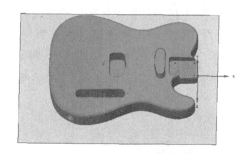

图 9-76 特征 2 的实体模型

为了在已经重构好的吉他外形模型上面形成特征 2,同样需要进行布尔减运算,先将吉他的外形实体模型显示出来,在结构面板中的实体复选框前勾选,即可将实体模型显示出来。同时显示出特征 2 的实体模型和吉他的外形实体模型后,进行布尔减运算,操作过程参见前面过程,布尔减运算之后得到的结果,隐藏掉实体模型,如图 9-77 右边所示。

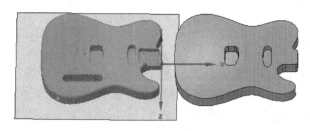

图 9-77 去除特征 2 后的实体模型与网格模型的对比

步骤6 通过提取截面轮廓线并修改重构特征 3

提取特征 3 截面轮廓线之前,先将布尔操作处理后的吉他模型隐藏起来,这样便于后面的拟合操作。去掉结构选项中实体复选框前的勾选,就可以把重构的吉他实体模型隐藏(类似的操作可以用于隐藏其他的元素,如平面、曲面、实物模型等)。单击剖面模式工具图标 ,选择预设的基准平面为放置剖面的平面,单击基准平面,剖面会与基准平面重合。

此时,截面网格中无法获取特征3的截面轮廓线,必须移动剖面的位置来获取特征3的截面轮廓线。单击设计窗口下方工具图标 ,剖面上会出现移动操作的参考坐标系,以它作为移动剖面基准。具体操作和前面的操作方法相似,把剖面移动到合适位置后,比较完整的特征3的截面轮廓线会显示在网格平面中。从网格平面中可以看出,特征3的截面轮廓线是不规则的。所以需要利用草图模块的再设计功能对轮廓线进行修改和再设计,处理后的截面轮廓线,如图9-78所示。考虑到便于删除整个特征,将轮廓线右侧向外进行了部分延伸。

图9-78 再设计后的轮廓线

然后,根据修改和再设计后的截面轮廓线拉伸出特征3的实体模型,单击拉动工具图标

,移动光标到轮廓线截面上,此时轮廓线截面会显示成深色,单击截面后,截面处会出现拉动方向和拉动选项框,向上拉动截面,形成特征3内的部分实体模型。然后,转动模型的位置,将轮廓线截面显现出来,继续单击截面,将截面向下拉动,直到特征3的网格面模型底面,形成完整的特征3内的实体模型,如图9-79所示。

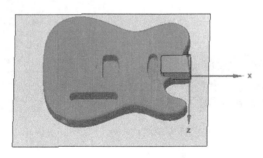

图9-79 特征3的实体模型

为了在已经重构好的吉他外形模型上面形成特征3,需要进行布尔减运算,先将吉他的外形实体模型显示出来,在结构面板中的实体复选框前面勾选,即可将实体模型显示出来。显示出特征3内的实体模型和吉他的外形实体模型后,进行布尔减运算,操作过程参见前面过程,布尔减运算之后得到的结果,隐藏掉实体模型,如图9-80右边所示。

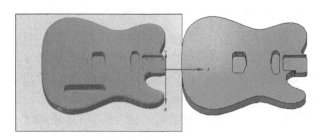

图 9-80　去除特征 3 后的实体模型与网格模型的对比

步骤7　通过拟合挤压重构特征 4

特征 4 也是一个凹槽,可以通过拟合挤压重构出槽内的拉伸实体,然后通过布尔运算裁剪掉实体,即可形成特征 4。单击提取工具栏组中的拟合挤压工具图标 ,在设计窗口中,单击智能选择工具图标 ,单击后软件会成片拾取网格面,按住 Shift+单击可以同时拾取多片网格面,拟合出的特征 4 的截面轮廓线,如图 9-81 所示。

在设计窗口中,单击选项,会自动弹出选项对话框,如图 9-82 所示。选择制作曲线复选框,然后单击完成图标 进入草图模式,可以对特征 4 的轮廓线进行修改和再设计,草图中的线段和圆弧可以进行参数化设置,修改和再设计后的轮廓线,如图 9-83 所示。

图 9-81　拟合出的截面轮廓线　　　　图 9-82　选项对话框

完成特征 4 截面轮廓线的修改和再设计后,单击拉动工具图标 ,移动光标到截面上,此时截面会显示成深色,单击截面后,截面处会出现拉动方向和拉动选项框,向上拉动截面,形成特征 4 内的部分实体模型。然后,将截面向下拉动,形成完整的特征 4 内的实体模型。由于特征 4 的底面被拉伸之后重构出的实体模型遮挡,需要先将实物模型隐藏,然后向

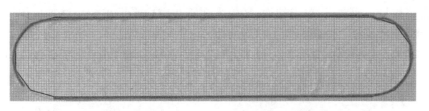

图 9-83　黑色线条为再设计后的轮廓线

上拉动截面低于第一次拉动的位置,再次显示实物模型,这时特征 4 的底面就可以从设计窗口中直接看见,单击下方的截面,然后单击"直到"工具图标 ，将光标移动到特征 4 的底面合适位置单击,即可形成完整的特征 4 内的实体模型,如图 9-84 所示。

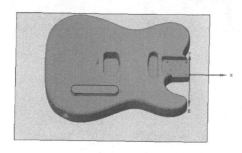

图 9-84　特征 4 内的拉伸体实体模型

为了在已经重构好的吉他外形实体模型上面形成特征 4,同样需要进行布尔减运算,先将吉他的外形实体模型显示出来,在结构面板中的实体复选框前勾选,即可将实体模型显示出来。显示出特征 4 内的实体模型和吉他的外形实体模型后,进行布尔减运算,操作过程参见前面过程,布尔减运算之后得到的结果,隐藏掉实物模型后,如图 9-85 右边所示。

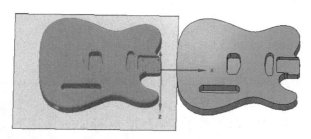

图 9-85　去除拉伸体后的实体模型与网格模型的对比

步骤8　通过拟合圆柱面重构孔 1

孔 1 内是一个圆柱体,可以直接通过拟合圆柱面重构出来。单击提取工具栏组中的拟合圆柱面工具图标 ，在设计窗口中,单击智能选择工具图标 ，单击孔的网格面后软件会成片拾取网格面,按住 Shift＋单击可以同时拾取多片网格面,拟合出的孔 1 的截面轮廓线,如图 9-86 所示。

单击完成图标 ，孔 1 内的圆柱面重构完成,重构后的圆柱端面圆如图 9-87 所示,这里,需要对孔 1 的尺寸进行修改和再设计,单击截面模式工具图标 ，将光标移动到孔 1 的端面,端面将被显示成网格,单击端面,截面平面将与端面平面重合。通过草图工具栏组中的画圆命令,画出与孔1截面圆大小相同的圆,如图9-88(a)所示。可以看出,截面圆的直径不是整数,必须对截面圆的直径进行修改,修改后的直径为562mm,如图9-88(b)所示。

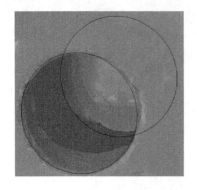

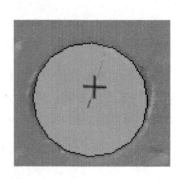

图 9-86　圆柱体轮廓线　　　　　　　　图 9-87　圆柱端面圆

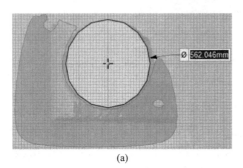

(a)　　　　　　　　　　　　　(b)

图 9-88　调整圆孔参数

(a) 修改前;(b) 修改后

对孔1的截面圆再设计完成以后,单击拉动工具图标 ,移动光标到截面上,此时截面会显示成深色,单击截面圆后,截面圆处会出现拉动方向和拉动选项框,向前拉动截面圆,形成孔1内的部分拉伸实体模型。然后,将截面圆向后拉动,形成完整的孔1内的圆柱实体模型,如图9-89所示。

为了在已经重构好的吉他外形模型上面形成特征孔1,同样需要进行布尔运算,先将隐藏的吉他的外形实体模型显示出来,在结构面板中的实体复选框前面勾选,即可将实体模型显示出来。显示出特征孔1内的拉伸实体模型和吉他的外形实体模型后,进行布尔减运算,操作过程参见前面过程,布尔减运算之后得到的结果,隐藏掉实物模型,如图9-90右边所示。

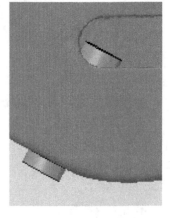

图 9-89　孔 1 的实体模型

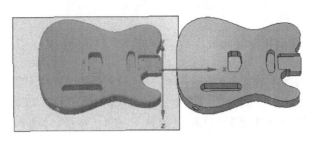

图 9-90　去除孔 1 后的实体模型与网格模型的对比

步骤 9　通过截面轮廓线提取重构孔 2

提取孔 2 截面圆轮廓线之前,先将上步重构完成的吉他实体模型隐藏起来,这样便于后面的截面轮廓线的提取操作。去掉结构选项中实体复选框前的勾选,就可以把重构的吉他实体模型隐藏(类似的操作可以用于隐藏其他的元素,如平面、曲面、实物模型等)。单击剖面模式工具图标,选择特征 3 的底面为放置剖面的平面,单击特征 3 的底面,剖面平面会与特征 3 底面平面重合,如图 9-91 所示。

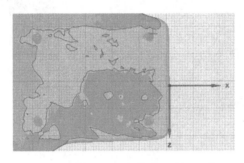

图 9-91　剖面平面与特征 3 底面重合

此时,截面网格中无法获取孔 2 的截面轮廓线,必须移动剖面的位置来获取孔 2 的截面轮廓线。单击设计窗口下方工具图标,剖面上会出现移动操作的参考坐标系,以它作为移动剖面的基准。具体操作和上面的操作方法相似,把剖面移动到合适位置后,比较完整的孔 2 的截面轮廓线会显示在网格平面中。从网格平面中可以看出,孔 2 的截面轮廓线是不规则的,所以需要利用草图模块的再设计功能对轮廓线进行修改和再设计,如图 9-92 所示。

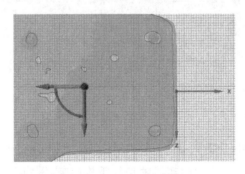

图 9-92　孔 2 的截面轮廓线

对孔 2 的轮廓线进行修改和再设计时,在最佳拟合的前提下,同时保证孔易于加工制造,因此,孔的直径设为整数,如图 9-93 所示。

对孔 2 的 4 个截面圆再设计完成以后,单击拉动工具图标,移动光标到其中一个圆的截面上,此时截面会显示成深色,单击截面圆后,截面圆处会出现拉动方向和拉动选项框,向上拉动截面圆,形成该孔的部分实体模型。然后,将截面圆向下拉动,形成完整的孔的圆柱实体模型,重复相同的操作之后,重构出的孔 2 的 4 个相同的孔内的拉伸实体模型,如图 9-94 所示。

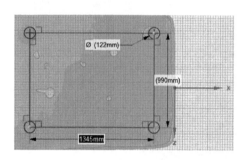

图 9-93　再设计后的孔 2　　　　　　图 9-94　孔 2 内的拉伸实体模型

为了在已经重构好的吉他外形模型上面形成孔 2,同样需要进行布尔运算,先将隐藏的吉他的外形实体模型显示出来,在结构面板中的实体复选框前勾选,即可将实体模型显示出来。显示出孔 2 内的拉伸实体模型和吉他的外形实体模型后,进行布尔减运算,操作过程参见前面过程,布尔减运算之后得到的结果,隐藏掉实体模型,如图 9-95 右边所示。

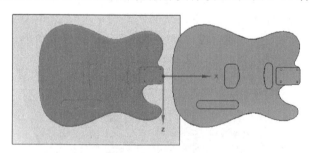

图 9-95　去除孔 2 后的实体模型与网格模型的对比

步骤 10　通过拉动工具对重构完成的实体模型进行倒圆角操作

通过以上各步操作之后,吉他的实体模型被重构出来,重构出的实体模型与实物模型的对比图,如图 9-96 所示。可以看出,重构出的吉他的 CAD 实体模型与原实物模型相似度非常高,只在边缘和尖角部分表现出一定差异。下面通过拉动工具对重构后的 CAD 实体模型边缘和尖角部分进行倒圆角操作,使其变得光滑连续。

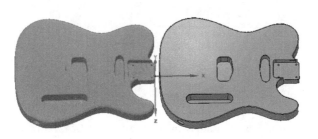

图 9-96　重构出的实体模型与网格模型的对比

在编辑工具栏组中单击拉动工具图标，将光标移动到需要进行倒角操作的边界

上，此时，边界将被加亮显示成绿色，单击边界线，边界线显示为黑色，同时显示拉动方向箭头和拉动选项框，如图 9-97(a)所示。单击边界线不放，同时慢慢移动鼠标（默认移动方向为移向圆角的圆心），此时边界处会显示圆角的半径，当移动到与设定值相近时停止，这时圆角值会显示成编辑模型，如图 9-97(b)所示。可以在一定范围内修改蓝色框中的半径值，这里设为 20mm。

注意：倒角时，有时会出现"无法绘制圆角"的问题，出现这种问题是由于圆角半径过大或者过小造成的，需要将圆角半径设置在合适范围之内。

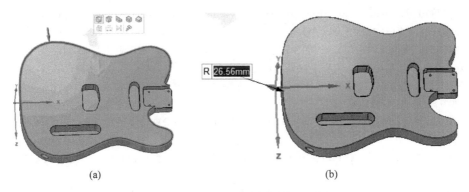

(a)　　　　　　　　　　　　　　　　(b)

图 9-97　倒圆角操作

（a）选中边界；（b）调整参数

类似特征 3 处包含多条线段的边界线，可以通过按住 Shift＋单击同时选中多条线段，然后进行倒角操作，具体的操作方法和单条线段的操作方法相同。对吉他的实体模型完成倒角操作后，最终重构得到的吉他实体模型与吉他的网格面模型对比，如图 9-98 所示。

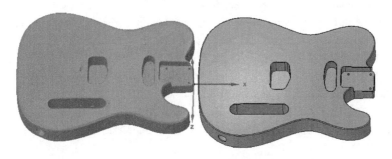

图 9-98　最终完成的实体模型与网格模型的对比

参 考 文 献

［1］ 逆向工程［EB/OL］. http://baike. baidu. com/link? url＝p3gRL2YcjxEDNk7ps10CB8ulbbW4wDXL8 OhRZjssBkYOVOZrtlfa8260bZ72krOx.［2014-10-10］.

［2］ Geomagic ® Design Direct 正逆向混合设计软件［EB/OL］. http://www. geomagic. com/zh/products/ spark/overview.［2014-10-10］.

［3］ 柯映林. 反求工程 CAD 建模理论方法和系统［M］. 北京：机械工业出版社，2005.

［4］ 成思源，等. 逆向工程技术综合实践［M］. 北京：电子工业出版社，2010.

［5］ 成思源，杨雪荣. Geomagic Qualify 三维检测技术及应用［M］. 北京：清华大学出版社，2012.

［6］ 成思源，谢韶旺. Geomagic Studio 逆向工程技术及应用［M］. 北京：清华大学出版社，2010.

［7］ 袁清珂. 现代设计方法与产品开发［M］. 北京：电子工业出版社，2010.

［8］ 隋亦熙. 逆向工程中曲线曲面特征提取研究［D］. 杭州：浙江大学，2008.

［9］ 徐进. 反求工程 CAD 混合建模中若干问题的研究［D］. 杭州：浙江大学，2009.

［10］ HUANG J. B. Geometric feature extraction and model reconstruction from unorganized points for reverse engineering of mechanical objects with arbitrary topology［D］. Columbus：The Ohio State University，2001.

［11］ SHAH J J，Mantyla M. Parametric and feature-based CAD/CAM：concept，techniques，and applications［M］. New York：Wiley，1995.

［12］ 黎波. 面向再设计的逆向工程 CAD 建模技术研究［D］. 广州：广东工业大学，2011.

［13］ 刘军华，成思源，等. 逆向工程中的参数化建模技术及应用［J］. 机械设计与制造，2011（10）：82-85.

［14］ 蔡敏，成思源，杨雪荣，等. 基于逆向工程的混合建模技术研究. 制造业自动化，2014，36（5）：120-122.

［15］ 彭燕军，王霜，彭小欧. UG，Imageware 在逆向工程三维模型重构中的应用研究［J］. 机械设计与制造，2011（5）：85-87.

［16］ 金鑫，何雪明，杨磊，等. 基于 Imageware 和 UG 的汽车内饰件的逆向设计［J］. 机械设计与制造，2009（6）：40-42.

［17］ 卞显虎. 逆正向混合工程在重卡车身开发中的应用与研究［D］. 合肥：合肥工业大学，2012.

［18］ 刘鹏鑫. 基于光学扫描和 CMM 测量数据的模型重建关键技术研究［D］. 哈尔滨：哈尔滨工业大学，2010.

［19］ LI F，LONGSTAFF，et al. Integrated Tactile and Optical Measuring Systems in Three Dimensional Metrology［J］. University of Huddersfield Repository，2012（12）：1-6.

［20］ COHEN-STEINER D，ALLIEZ P，DESBRUN M. Variational shape approximation［J］. ACM Transactions on Graphics，2004（23）：905-914.

［21］ WU J H，KOBBELT L. Structure recovery via hybrid variational surface approximation［J］. Computer Graphics Forum，2005（24）：277-284.

［22］ 肖华. 网格重构及特征提取技术研究［D］. 杭州，浙江大学，2010.

［23］ ROSELINE B，GERARD S，GILLES G，etc. A comprehensive process of reverse engineering from 3D meshes to CAD models［J］. Computer-Aided Design，2013（45）：1382-1393.

［24］ WANG J，GU D X，GAO Z H，etc. Feature-based solid model reconstruction［J］. Computing and Information Science in Engineering，2013（13）：011004. 1-011004. 13.